高等学校教材

工科化学实验 I
无机及分析化学实验

肖秀婵　张燕　阳丽　主编

化学工业出版社
·北京·

内容简介

《工科化学实验Ⅰ：无机及分析化学实验》分为4章：第1章是绪论，包括化学实验的基本要求，实验室安全及防护，常见玻璃仪器介绍及使用方法，常见加热、冷却、干燥方法以及光谱分析基础知识和色谱分析基础知识；第2章为基础教学实验，主要针对化学课程的理论教学的基本原理、基本知识设计了17个基础实验；第3章是项目化教学实验，共设计了3个实验，主要实施合作学习的项目化教学过程；第4章为制备与综合实验，共6个实验，内容设计紧密联系工程技术和社会热点问题，使学生了解和学习运用化学知识解决实际问题的方法。本书配套部分视频，读者可扫书中相应位置二维码获取。

《工科化学实验Ⅰ：无机及分析化学实验》具有知识点覆盖面广、内容难易适中等特点，可作为高等学校工科化学实验教材，也可供化学化工相关科技人员参考使用。

图书在版编目（CIP）数据

工科化学实验．Ⅰ，无机及分析化学实验/肖秀婵，张燕，阳丽主编．—北京：化学工业出版社，2022.8（2025.3重印）

ISBN 978-7-122-41258-4

Ⅰ．①工…　Ⅱ．①肖…②张…③阳…　Ⅲ．①无机化学-化学实验-高等学校-教材②分析化学-化学实验-高等学校-教材　Ⅳ．①O6-33

中国版本图书馆CIP数据核字（2022）第067301号

责任编辑：马泽林　杜进祥　　　　文字编辑：黄福芝

责任校对：赵懿桐　　　　装帧设计：韩　飞

出版发行：化学工业出版社（北京市东城区青年湖南街13号　邮政编码100011）

印　　装：大厂回族自治县聚鑫印刷有限责任公司

787mm×1092mm　1/16　印张9　字数216千字　2025年3月北京第1版第4次印刷

购书咨询：010-64518888　　　　售后服务：010-64518899

网　　址：http：//www.cip.com.cn

凡购买本书，如有缺损质量问题，本社销售中心负责调换。

定　　价：32.00元

编写人员名单

主　　编　肖秀婵　张　燕　阳　丽

副 主 编　李强林　朱万平　任亚琦

编写人员（以姓氏笔画为序）

王　丽　宜宾学院
王会镇　西华大学
王红梅　宜宾学院
朱万平　宜宾学院
任亚琦　成都工业学院
任燕玲　成都工业学院
阳　丽　宜宾学院
李　兰　宜宾学院
李　玺　成都工业学院
李强林　成都工业学院
肖秀婵　成都工业学院
汪　婷　西华大学
张　燕　西华大学
陈明军　西华大学
赵　艳　西华大学
秦　淼　成都工业学院
黄　琼　宜宾学院

前 言

化学实验是大学化学系列课程的重要组成部分，“工科化学实验”作为非化学化工类工科专业本科学生的一门重要的基础实验课程，是提升学生的综合素质和团队协作能力，培养学生的创新精神与实践动手能力的重要途径。本书的编写遵循“以学生为中心、以教师为引导，加强基本技能训练，加强课程思政教育，促进研究创新和团队合作意识培训”的实验教学改革指导思想，按基础性—项目化—综合性三个层次推进实验内容。

为适应当今学科综合发展和学科交叉渗透对人才思维方式综合化、多样化培养的要求，本书在内容设置上主要体现以下特色。

推行项目教学模式：设置了项目化教学实验内容，改革以往教材“照方抓药”“依葫芦画瓢”的实验方式，注重学生在项目活动中能力发展的过程，测评内容包括学生参与活动各环节的表现以及作业质量。使学生能够自主、自由地进行学习，从而有效地促进学生创造能力的发展，体现在学生围绕主题所探索的方式、方法和展示、评价具有多样性和选择性上。

激发学生兴趣：教材在每个实验开始前增加了“实验引入”，在实验目标中引入价值目标，激发学生对相关实验的兴趣，了解实验的意义，培养德智体美劳全面发展的高素质人才。

注重创新和课外探索：针对工科学生的专业课程与化学知识的关联性设置了创新性实验内容，通过一些趣味性实验内容，使学生的创新意识和能力受到启发与锻炼，还可以进一步培养学生的科学思维和科学素养。

本书在编写过程中非常注重内容在基础性、完整性、连贯性、先进性和针对性等各方面的统一。在知识内容的组织上，不仅包含了无机化学、有机化学知识，还涉及仪器分析和材料制备。牢固树立培养创新型人才的理念，努力促使学生在知识、技能、素质和思维等方面得到全面发展，使学生不仅具有扎实的理论知识，还具有创新的科学思维，毕业后能适应科研、技术等各种岗位。

本书由成都工业学院肖秀婵、西华大学张燕、宜宾学院阳丽主编，李强林、朱万平、任亚琦任副主编。肖秀婵、张燕、阳丽编写第一章；张燕、李强林编写实验 1～实验 6；阳丽、王会镇编写实验 7～实验 15；肖秀婵、陈明军编写实验 16～实验 20；任亚琦、朱万平、汪婷编写实验 11～实验 26；黄琼、赵艳、秦淼编写实验 21～实验 24。此外，李玺、任燕玲、王丽、李兰、王红梅等也参与了本书的编写工作。

本书在编写过程中参考和借鉴了最新的论文和相关书籍，从中受到许多启迪和教益，谨在此一并表示最诚挚的感谢!

由于编者能力和水平有限，书中难免存在疏漏之处，恳请各位读者批评指正。

编者

2022 年 1 月

目 录

第1章

绪　论

1.1　化学实验的基本要求

1.1.1　实验的意义和目的

化学是一门以实验为基础的学科。许多化学的理论与规律都来自实验，同时，这些理论与规律的应用与评价，也要依据实验探索和检验。所以在化学课程的学习中，化学实验课是必不可少和十分重要的课程。

通过做实验要达到以下三个方面的目标（知识目标、技能目标和价值目标）：一是使学生加深对理论课中基本原理和基础知识的理解掌握；二是使学生掌握化学实验的操作技术，培养学生独立工作能力和独立思考能力；三是培养学生实事求是的科学态度，准确、细致、整洁等良好的习惯以及科学的思考方法，培养爱岗敬业和一丝不苟的工作精神，养成良好的实验室工作习惯。

1.1.2　学习方法

要达到上述实验目标，不仅要有正确的学习态度还要有正确的学习方法。化学实验课的学习方法大致有以下三个步骤。

(1) 实验预习　实验课要求学生既动手做实验，又动脑思考问题，因此实验前必须做好预习。对实验的各个过程做到心中有数，才能使实验顺利进行，达到预期的效果。预习时应做到：认真阅读实验教材、有关教科书和参考资料，查阅有关数据；明确实验目标和基本原理；了解实验的内容和实验时应注意的问题；熟悉安全注意事项；写出实验预习报告。

实验预习报告内容包括实验题目、实验目标、基本原理、内容（步骤）、实验记录及思考题等栏目。教师若发现学生预习不够充分，应责令其暂停实验重补预习，达到预习基本要求后再做实验。

(2) 实验操作　学生在教师指导下独立地进行实验是实验课的主要教学环节，也是训练学生正确掌握实验技术以达到培养能力目标的重要手段。实验原则上应按教材上所提示的步骤、方法和试剂用量进行，若提出新的实验方案，应经教师批准后进行。实验操作时要求做到下列几点：

① 认真操作，细心观察现象，并及时地、如实地做好详细记录。

② 如果发现实验现象和理论不符合，应首先尊重实验事实，然后认真分析和检查其原因，也可以做对照实验、空白实验或自行设计实验来核对，必要时应多次重做验证，从中得到有益的结论。

③ 实验过程中应勤于思考、仔细分析、力争自己解决问题，当遇到疑难问题而自己难以解决时，可请教师指点。

④ 在实验过程中应保持肃静，严格遵守实验室工作规则。

(3) 撰写实验报告 完成实验报告是对所学知识进行归纳和提高的过程，也是培养严谨科学态度、实事求是精神的重要措施，应认真对待。实验报告的内容应包括实验目标、原理、内容、装置图、现象、结果及讨论等栏目。书写实验报告应字迹端正、简明扼要、整齐清洁，决不允许草率应付或抄袭编造。

讨论是一种很好的学习方法。它可明理、探索、求真，因而在实验学习中经常用到。为使学生进一步明确实验原理、操作要点、注意事项和加深对实验现象和结果的理解，在实验前后教师将组织各种形式的讨论，学生一定要认真准备，积极参加。学生对实验过程中发现的异常现象，或结果处理时出现的异常结论，也应在实验报告中以书面的形式展开讨论，以求提高。

1.1.3 实验规则

实验规则是人们通过长期的实验室工作，从正反两方面的经验、教训中归纳总结出来的。它可以防止意外事故的发生，保持正常实验的环境和工作秩序。遵守实验规则是做好实验的重要前提，每个人都必须严格遵守实验规则。

① 实验前应做好实验准备工作，检查实验所需的药品、仪器是否齐全。如做规定以外的实验，应经过教师允许。

② 遵守实验室的纪律和各项规章制度，严格按操作规程认真操作，细致观察，积极思考，如实记录，不许抄袭他人的实验结果。

③ 实验中必须保持肃静，不准大声喧哗，不准到处乱走；不得无故缺席，因故缺席未做的实验应补做。

④ 爱护公共财物，小心使用仪器、设备，注意节约用水、用电。每人应取用自己的仪器，不得动用他人仪器；公共仪器和临时仪器用毕应洗净，并立即送还原处。如有损坏，必须及时登记补领。

⑤ 实验台上仪器应摆放整齐，并保持台面清洁。废纸、火柴梗和碎玻璃等应倒入相应垃圾箱内；酸性废液应倒入废液桶内，切勿倒入水槽中，以防堵塞或锈蚀下水管道；碱性废液倒入废液桶内统一处理。

⑥ 按规定的量取用药品，注意节约。称取药品后及时盖好原瓶盖，放在指定地方的药品不得擅自拿走。

⑦ 使用精密仪器时，必须严格遵守操作规程，细心谨慎，避免因粗心大意损坏仪器。如发现仪器有故障，应立即停止使用，报告教师，及时排除故障。使用后必须自觉填写使用记录。

⑧ 实验后应将所有仪器洗净并整齐地放回柜内，实验台及试剂架必须擦净，最后关好电门、水龙头。

⑨ 每次实验后由学生轮流值日，负责打扫和整理实验室，并检查水龙头、门窗是否关

紧，电匣是否关闭，以保证实验室的安全和整洁。

⑩ 发生意外事故时应保持镇静，不要惊慌失措。遇有烧伤、烫伤、割伤时应立即报告教师，及时急救和治疗。

1.2　实验室安全及防护

进行化学实验时，要严格遵守关于水、电和各种仪器、药品的使用规定。化学药品中很多是易燃、易爆、有腐蚀性和有毒的。因此，重视安全操作，熟悉一般的安全知识是非常必要的。

发生事故不仅损害个人的健康，还会危及周围的人，影响工作的正常进行，并使国家的财产受到损失。因此，注意安全不仅是个人的事情。第一，需要从思想上重视安全工作，决不能麻痹大意。第二，在实验前应了解仪器的性能和药品的性质以及本实验中的安全注意事项。在实验过程中，应集中注意力，并严格遵守实验安全守则，以防意外事故的发生。第三，要学会一般救护措施。一旦发生意外事故，可及时处理。第四，对于实验室的废液，要知道正确的处理方法，以保持环境不受污染。

1.2.1　实验室安全守则

① 不要用湿的手、物接触电源。水、电一经使用完毕，就立即关闭水龙头、电闸。点燃的火柴用后立即熄灭，不得乱扔。

② 严禁在实验室内饮食、吸烟，或把餐具带进实验室。实验完毕，必须洗净双手。实验时，应该穿上实验工作服，不得穿拖鞋。

③ 绝对不允许随意混合各种化学药品，以免发生意外事故。

④ 钾、钠和白磷等暴露在空气中易燃烧。所以钾、钠应保存在煤油中，白磷则可保存在水中。使用时必须遵守它们的使用规则，如取用它们时要用镊子。一些有机溶剂（如乙醚、乙醇、丙酮、苯等）极易引燃，使用时必须远离明火，用毕立即盖紧瓶塞。

⑤ 混有空气不纯的 H_2、CO 等遇火易爆炸，操作时必须严禁接近明火；在点燃 H_2、CO 等易燃气体之前，必须先检查并确保纯度。银氨溶液不能留存，因久置后生成的氮化银也易爆炸。某些强氧化剂（如氯酸钾、高锰酸钾等）或其混合物不能研磨，否则将引起爆炸。

⑥ 倾注药剂或加热液体时，不要俯视容器，以防溅出。尤其是浓酸、浓碱，其具有强腐蚀性，切勿使其溅在皮肤或衣服上，眼睛更应注意防护。如稀释浓硫酸时，应将浓硫酸慢慢倒入水中，而不能相反进行，以避免迸溅。试管加热时，切记不要使试管口朝向自己或别人。

⑦ 不要俯向容器去嗅放出的气味。闻气味时，应该是面部远离容器，用手将离开容器的气流慢慢地扇向自己的鼻孔。能产生有刺激性或有毒气体（如 H_2S，HF，Cl_2，CO，NO_2，Br_2 等）的实验必须在通风橱内进行。

⑧ 有毒药品（如重铬酸钾、钡盐、铅盐、砷的化合物、汞的化合物，特别是氰化物）不得进入口内或接触伤口，剩余的废液也不能随便倒入下水道。金属汞易挥发（瓶中要加一层水保护），可通过呼吸道而进入人体内，逐渐积累会引起慢性中毒。取用汞时，应该在盛水的搪瓷盘上方操作；做金属汞的实验时应特别小心，不得把汞洒落在桌上或地上。一旦洒落，必须尽可能收集起来，并用硫黄粉盖在洒落的地方，使汞转变成不挥发的硫化汞。

⑨ 实验室所有药品不得携出室外。用剩的有毒药品交还教师。

⑩ 洗涤的试管等容器应放在规定的地方（如试管架上）干燥，严禁用手甩干，以防未洗净容器中含的酸碱液等伤害人身体或衣物。

1.2.2 实验室的应急处理

① 创伤：伤处不能用手抚摸，也不能用水洗涤。应先把碎玻璃从伤处挑出。轻伤可涂以紫药水（或碘酒），必要时撒些消炎粉或敷些消炎膏，用绷带包扎。

② 烫伤：立即用冷水冲洗伤处。伤处皮肤未破时可涂擦饱和碳酸氢钠溶液或将碳酸氢钠粉调成糊状敷于伤处，也可抹獾油或烫伤膏；如果伤处皮肤已破，可涂些紫药水或1%高锰酸钾溶液。

③ 酸腐蚀致伤：先用大量水冲洗，再用饱和碳酸氢钠溶液（或稀氨水、肥皂水）洗，最后再用水冲洗。如果酸溅入眼内，用大量水冲洗后，送医院诊治。

④ 碱腐蚀致伤：先用大量水冲洗，再用2%醋酸溶液或饱和硼酸溶液洗，最后再用水冲洗。如果碱溅入眼中，应立即用大量水冲洗，再用硼酸溶液洗。

⑤ 溴腐蚀致伤：用甘油洗涤伤口，再用水洗。

⑥ 磷灼伤：用1%硝酸银、5%硫酸铜或浓高锰酸钾洗伤口，然后包扎。

⑦ 吸入刺激性或有毒气体：吸入氯气、氯化氢气体时，可吸入少量酒精和乙醚的混合蒸气进行解毒。吸入硫化氢或一氧化碳气体而感到不适时，应立即到室外呼吸新鲜空气。应该注意氯、溴中毒不可进行人工呼吸，一氧化碳中毒不可使用兴奋剂。

⑧ 毒物进入口内：将5～10mL稀硫酸铜溶液加入一杯温水中，内服后，用手指伸入咽喉部，促使呕吐，吐出毒物，然后立即送医院。

⑨ 触电：首先切断电源，然后在必要时进行人工呼吸。

⑩ 起火：起火后，要立即一边灭火，一边防止火势蔓延（如采取切断电源，移走易燃药品等措施）。灭火时要针对起因选用合适的方法。一般的小火用湿布、石棉布或砂子覆盖燃烧物，即可灭火。火势大时可使用泡沫灭火器。但电器设备所引起的火灾，只能使用二氧化碳或四氯化碳灭火器进行灭火，不能使用泡沫灭火器，以免触电。活泼金属如钠、镁以及白磷等着火，宜用干沙灭火，不宜用水、泡沫灭火器以及四氯化碳灭火器等。实验人员衣服着火时，切勿惊慌乱跑，应赶紧脱下衣服，或用石棉布覆盖着火处。

实验室常用的灭火器及其适用范围见表1-1，灭火器的使用方法可参见图1-1。注意，不能水平或颠倒使用灭火器，严禁挪用、损坏和遮蔽灭火器。

表1-1 实验室常用的灭火器及其适用范围

灭火器类型	药液成分	适用范围
酸碱式	H_2SO_4 和 $NaHCO_3$	非油类和电器失火的一般初起火灾
泡沫灭火器	$Al_2(SO_4)_3$ 和 $NaHCO_3$	适用于油类起火
二氧化碳灭火器	液态 CO_2	适用于扑灭电器设备、小范围油类及忌水的化学物品的失火
四氯化碳灭火器	液态 CCl_4	适用于扑灭电器设备、小范围的汽油、丙酮等失火； 不能用于扑灭活泼金属钾、钠的失火，因 CCl_4 会强烈分解，甚至爆炸； 不能用于扑灭电石、CS_2 的失火，因为会产生光气一类的毒气
干粉灭火器	主要成分是碳酸氢钠等盐类物质与适量的润滑剂和防潮剂	扑救油类、可燃性气体、电器设备、精密仪器、图书文件和遇水易燃物品的初起火灾

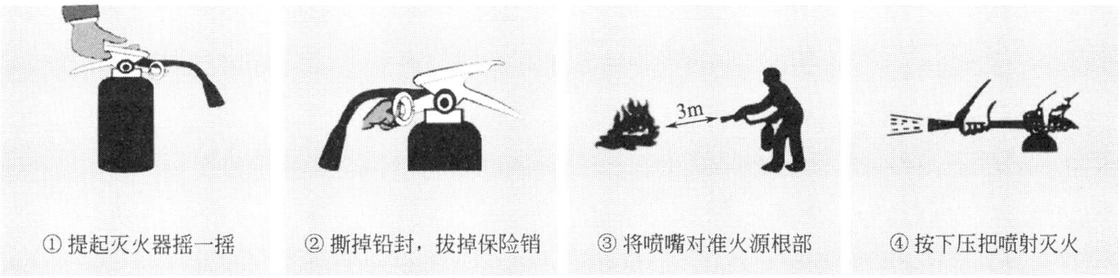
① 提起灭火器摇一摇
② 撕掉铅封，拔掉保险销
3m
③ 将喷嘴对准火源根部
④ 按下压把喷射灭火

图 1-1 灭火器使用方法

1.3 常见玻璃仪器介绍及使用方法

1.3.1 滴定管

滴定管是可放出不固定量液体的量出式玻璃量器，主要用于滴定分析中对滴定剂体积的测量，常见的滴定管构造如图 1-2 所示。滴定管全容量最小的为 1.00mL，最大的为 100.00mL，常用的是 10.00mL、25.00mL、50.00mL 容量的滴定管。

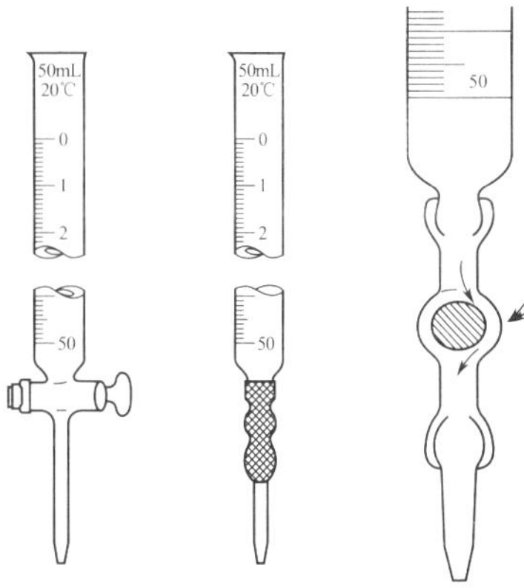
50mL
20℃
0
1
2
50
50mL
20℃
0
1
2
50
50

(a) 酸式 (b) 碱式 (c) 碱式

图 1-2 滴定管构造

(1) 滴定管的准备

① 检漏、涂凡士林。酸式滴定管的检漏方法是将滴定管用水充满至“0”刻度附近，然后夹在滴定管夹上，用吸水纸将滴定管外擦干，静置 1min，检查管尖及旋塞周围有无水渗出，然后将旋塞转动 180°，重新检查，如有漏水，必须重新涂油，具体操作见图 1-3。

涂凡士林步骤：

a. 将滴定管平放在实验台上，取下旋塞芯，用吸水纸将旋塞芯和旋塞槽内擦干。

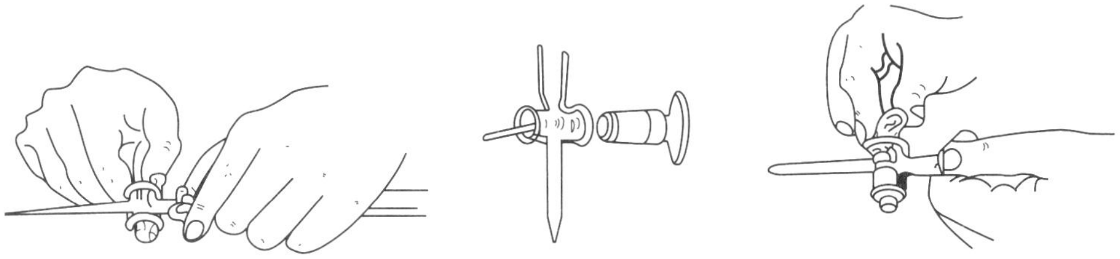

(a) 旋塞槽的擦法 (b) 旋塞涂油法 (c) 旋塞的旋转法

图 1-3 滴定管涂凡士林方法

b. 分别在旋塞的大头表面上和旋塞槽小口内壁沿圆周均匀地涂一层薄薄的凡士林（也可将凡士林用相同方法涂在旋塞芯的两头），在旋塞孔的两侧，小心地涂上一细薄层，以免堵塞旋塞孔。

c. 将涂好凡士林的旋塞芯插进旋塞槽内，向同一方向旋转旋塞，直到旋塞芯与旋塞槽接触处全部呈透明而没有纹路为止。

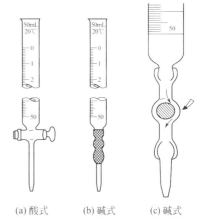

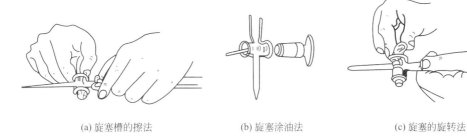

涂凡士林注意事项：

a. 涂凡士林要适量，过多可能会堵塞旋塞孔，过少则起不到润滑的作用，甚至造成漏水。

b. 把装好旋塞的滴定管平放在桌面上，让旋塞的小头朝上，然后在小头上套一个小橡皮圈（可以从橡皮管上剪下一小圈），以防旋塞脱落。

c. 在涂凡士林过程中要特别小心，切莫让旋塞芯跌落在地上，造成整支滴定管报废。

碱式滴定管使用前应检查乳胶管是否老化，乳胶管和玻璃珠大小是否合适，能否灵活控制液滴，玻璃珠过大则不便操作；过小则会漏水。如不符合要求应重新装配玻璃珠和乳胶管。

② 洗涤。先用自来水洗涤三次，继而用蒸馏水润洗三次，每次约 10mL。润洗时，两手平端滴定管，慢慢旋转，让水遍及全管内壁，然后从两端放出。洗净的滴定管在水流去后内壁应均匀地润上一薄层水，若管壁上还挂有水珠，说明未洗净，必须重洗。对于较脏又不易洗净的情况，要用铬酸洗液浸泡洗涤：酸式滴定管，可直接在管中加入洗液浸泡；而碱式滴定管则要先拔去乳胶管，换上一小段塞有短玻璃棒的橡皮管，然后用洗液浸泡。

③ 装溶液与赶气泡。加入滴定剂溶液前，先用待装溶液润洗三次，用量依次为 10mL、5mL、5mL，方法与用蒸馏水润洗时相同。润洗完毕，装入滴定液至“0”刻度以上，检查旋塞附近（或橡皮管内）及管端有无气泡。如有气泡，应将其排出。排出气泡时，对酸式滴定管是用右手拿住滴定管使它倾斜约 30°，左手迅速打开旋塞，使溶液冲下将气泡赶掉；对碱式滴定管可将橡皮管向上弯曲，捏住玻璃珠的右上方（如图 1-4 所示），气泡即被溶液压出。

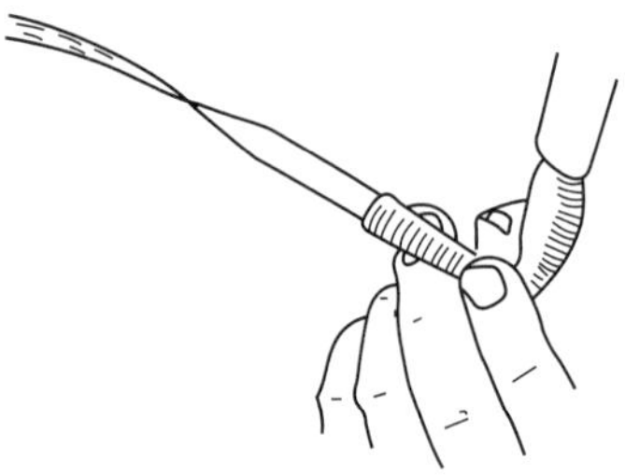

图 1-4　碱式滴定管排气泡

(2) 滴定管的操作方法　滴定管应垂直地夹在滴定管架上。使用酸式滴定管滴定时，左手无名指和小指弯向手心，用其余三指控制旋塞旋转，不要将旋塞向外顶，也不要太向里紧扣，以免使旋塞转动不灵，具体操作如图 1-5(b) 所示。使用碱式滴定管时，左手无名指和中指夹住尖嘴，拇指与食指向侧面挤压玻璃珠所在部位稍上处的乳胶管，使溶液从缝隙处流出，如图 1-5(a)。但要注意不能使玻璃珠上下移动，更不能捏玻璃珠下部的乳胶管。

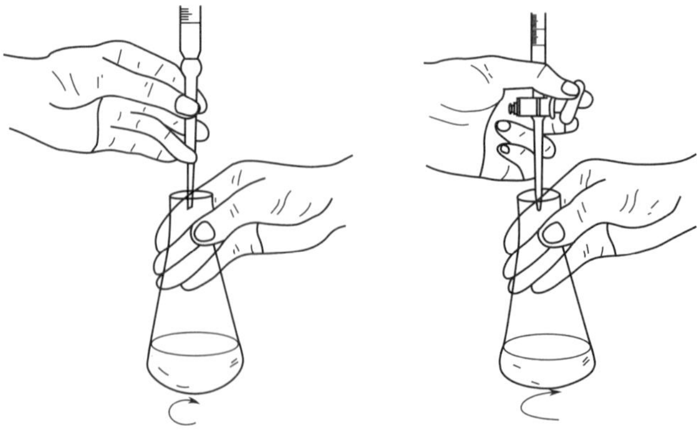

(a)　　(b)

图 1-5　滴定操作

必须掌握三种加液方法：①逐滴滴加；②加1滴；③加半滴。

滴定操作一般在锥形瓶内进行，右手前三指拿住瓶颈，瓶底离板2～3cm，将滴定管下端伸入瓶口约1cm。左手如前述方法操作滴定管，边摇动锥形瓶，边滴加溶液。

滴定时应注意以下几点：

① 摇瓶时，转动腕关节，使溶液向同一方向旋转（左旋、右旋均可），但勿使瓶口接触滴定管出口尖嘴。

② 滴定时，左手不能离开旋塞任其自流。

③ 眼睛应注意观察溶液颜色的变化，而不要注视滴定管的液面。

④ 溶液应逐滴滴加，不要流成直线。接近终点时，应每加1滴，摇几下，直至加半滴使溶液出现明显的颜色变化。加半滴溶液的方法是先使溶液悬挂在滴定管出口尖嘴上，以锥形瓶口内壁接触液滴，再用少量蒸馏水吹洗瓶壁。

⑤ 用碱式滴定管滴加半滴溶液时，应先放开食指与拇指，使悬挂的半滴溶液靠入瓶口内，再放开无名指与中指。

⑥ 每次滴定应从“0”刻度开始。

⑦ 滴定结束后，弃去滴定管内剩余的溶液，随即洗净滴定管。

⑧ 若在烧杯中进行滴定，烧杯应放在白瓷板上，将滴定管出口尖嘴伸入烧杯约1cm。滴定管应放在左后方，但不要靠杯壁，右手持玻棒搅动溶液。加半滴溶液时，用玻棒末端承接悬挂的半滴溶液，放入溶液中搅拌。注意玻棒只能接触液滴，不能接触管尖。

(3) 滴定管读数 读数时，可将滴定管夹在滴定管架上，也可以右手指夹持滴定管上部无刻度处。不管用哪一种方法读数，均应使滴定管保持垂直状态。读数时，视线应与液面成水平（如图1-6所示）。视线高于液面，读数将偏低；反之，读数偏高。

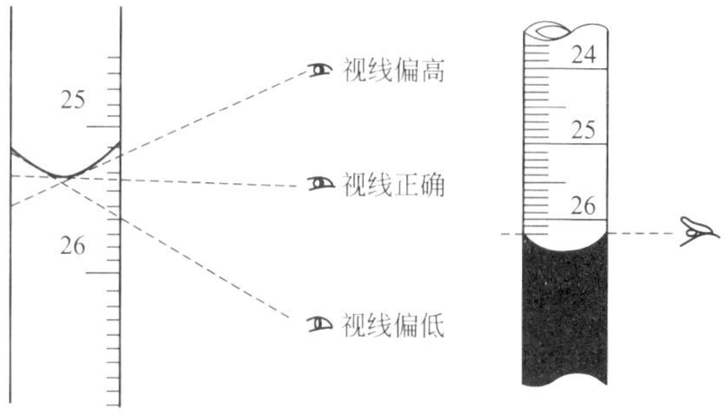

(a) 无色或浅色溶液　(b) 深色溶液

图1-6　滴定管的读数

① 读数应估计到最小分度的1/10。对于常量滴定管，读到小数后第二位，即估计到0.01mL。

② 对于无色或浅色溶液，应该读取弯月面下缘的最低点。溶液颜色太深而不能观察到弯月面时，可读两侧最高点［如图1-6(b)］。初读数与终读数应取同一标准。

③ 乳白板蓝线衬背的滴定管，应当以蓝线的最尖部分的位置读数。

1.3.2 移液管

移液管是用于准确移取一定体积溶液的量出式玻璃量器，正规名称是“单标线吸量管”，习惯称为移液管。它的中间有一膨大部分，管颈上部刻有一标线，用来控制所吸取溶液的体积。移液管的容积单位为mL，其容量为在20℃时按规定方式排空后所流出纯水的体积。

(1) 移液管的洗涤 先用自来水洗涤三次，再用蒸馏水润洗三次，最后用待移溶液润洗三次，润洗方法为：用移液管吸取待移溶液 5～10mL，立即用右手食指按住管口（尽量勿使溶液回流，以免稀释待移溶液），将管横过来，用两手的拇指及食指分别拿住移液管的两端，转动移液管并使溶液布满全管内壁，当溶液流至距上口 2～3cm 时，将管直立，使溶液由尖嘴（流液口）放出，弃去。

（2）用移液管移取溶液

① 右手拇指及中指拿住管颈刻线以上的地方（后面二指依次靠拢中指），将移液管插入容量瓶内液面以下 1～2cm 深度。不要插入太深，以免外壁沾带溶液过多；也不要插入太浅，以免液面下降时吸空。左手拿洗耳球，将其排除空气后紧按在移液管口上，借吸力使移液管中液面慢慢上升，移液管应随容量瓶中液面的下降而下降。

② 当移液管中液面上升至刻线以上时，迅速用右手食指堵住管口（食指最好是潮而不湿），用滤纸擦去管尖外部的溶液，将移液管的流液口靠着容量瓶颈的内壁，左手拿容量瓶，并使其倾斜 30°。

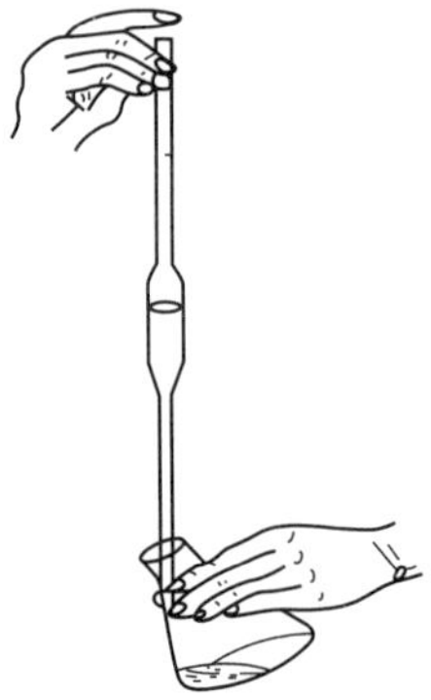

图 1-7　移液管的使用

③ 稍松食指，用拇指及中指轻轻捻转管身，使液面缓慢下降，直到调定零点。按紧食指，使溶液不再流出，将移液管移入准备接受溶液的容器中，仍使其流液口接触倾斜的器壁（如图 1-7 所示）。松开食指，使溶液自由地沿壁流下，待下降的液面静止后，再等待 15s，并将管身旋转一下，然后拿出移液管。

用移液管移取溶液时应注意以下几点：

① 在调整零点和排放溶液过程中，移液管都要保持垂直，其流液口要接触倾斜的器壁（不可接触下面的溶液）并保持不动。

② 等待 15s 后，流液口内残留的一点溶液绝对不可用外力将其震出或吹出。

③ 移液管用完应放在管架上，不要随便放在实验台上，尤其要防止管颈下端被沾污。

④ 吸量管的使用方法与移液管大致相同，它是带有分度的量出式量器，用于移取非固定量的溶液。由于吸量管的容量精度低于移液管，所以在移取 2mL 以上固定量溶液时，应尽可能使用移液管。使用吸量管时，尽量在最高标线调整零点。

1.3.3　容量瓶

容量瓶是细颈梨形平底玻璃瓶，由无色或棕色玻璃制成，带有磨口玻璃塞，颈上有一标线。容量瓶均为量入式，颈上应标有“In”字样。容量瓶的容量定义为：在 20℃时，充满至刻度线所容纳水的体积，以 mL 计。容量瓶的主要用途是配制准确浓度的溶液或定量地稀释溶液。它常和移液管配合使用，可把配成溶液的某种物质分成若干等份，其具体操作如图 1-8 所示。

（1）使用前的准备

① 检查瓶口是否漏水：加水至刻线，盖上瓶塞颠倒 10 次（每次颠倒过程中要停留在倒置状态 10s）以后不应有水渗出（可用滤纸片检查）。将瓶塞旋转 180°再检查一次，合格后用皮筋或塑料绳将瓶塞和瓶颈上端拴在一起，以防摔碎或与其他瓶塞混乱。

② 用铬酸洗液清洗内壁，然后用自来水和纯水洗净。某些仪器分析实验中还需用硝酸或盐酸洗液清洗。

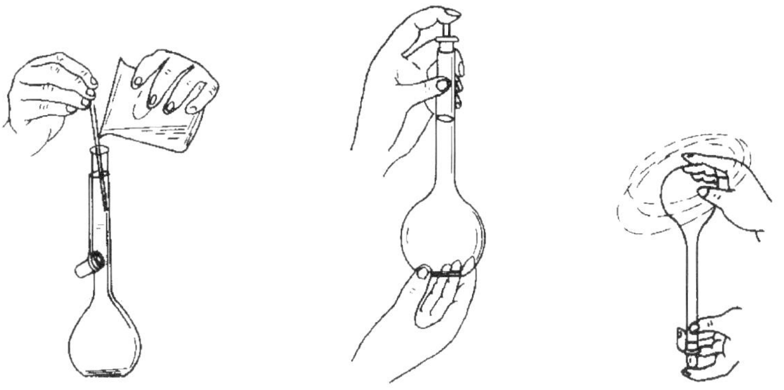

图 1-8 容量瓶的使用

(2) 容量瓶的使用

① 将准确称取的待溶固体物质（基准试剂或被测样品）置于烧杯中，加水或其他溶剂使其完全溶解后，将玻璃棒插入容量瓶内，玻璃棒下端靠近容量瓶内壁，上部不要碰瓶口，烧杯嘴紧靠玻璃棒，使溶液沿玻璃棒缓慢流出。

② 烧杯中的溶液倒尽后，烧杯不要直接离开玻璃棒，而应在烧杯扶正的同时使杯嘴沿玻璃棒上提 1～2cm，随后烧杯再离开玻璃棒，这样可避免杯嘴与玻璃棒之间的一滴溶液流到烧杯外面。然后再用少量水（或其他溶剂）清洗烧杯 3～4 次，将每次用洗瓶或滴管冲洗杯壁和玻璃棒的洗液按同样的方法移入瓶中。

③当溶液达 2/3 容量时，应将容量瓶沿水平方向轻轻摆动几周以使溶液初步混匀；再加水至刻线以下约 1cm，等待 1～2min 使附在瓶颈内壁的溶液流下；后用滴管从刻线以上 1cm 以内的一点沿颈壁缓缓加水至弯液面最低点与标线上边缘水平相切；随即盖紧瓶塞，左手捏住瓶颈上端，食指压住瓶塞，右手三指托住瓶底，将容量瓶颠倒 15 次以上，每次颠倒时都应使瓶内气泡升到顶部；倒置时应水平摇动几周，如此重复操作，可使瓶内溶液充分混匀。

容量瓶的使用注意以下几点：

① 用固体物质配制溶液时，应先在烧杯中将固体物质完全溶解后再转移至容量瓶中。转移时要使溶液沿玻璃棒流入瓶中。

② 10.00mL 以下的容量瓶，可不用右手托瓶，一只手抓住瓶颈及瓶塞进行颠倒和摇动即可。

③ 对玻璃有腐蚀作用的溶液，如强碱溶液，不能在容量瓶中久贮，配好后应立即转移到其他容器（如塑料试剂瓶）中密闭存放。

1.3.4 温度计

温度计水银球部位的玻璃很薄，容易被打破，使用时要特别留心：一不能用温度计当玻璃棒搅拌使用；二不能测定超过温度计的最高刻度的温度；三不能把温度计长时间放在高温的溶剂中，否则，会使水银球变形乃至读数不准。

温度计用后要让它慢慢冷却，特别在测量高温之后，切不可立即用水冲洗，否则会破裂，或水银柱破裂。应悬挂在铁座架上，待冷却后把它洗净抹干，放回温度计盒内，盒底要垫上一小块棉花。如果是纸盒，放回温度计时要检查盒底是否完好。图 1-9 展示了常见的温度计。

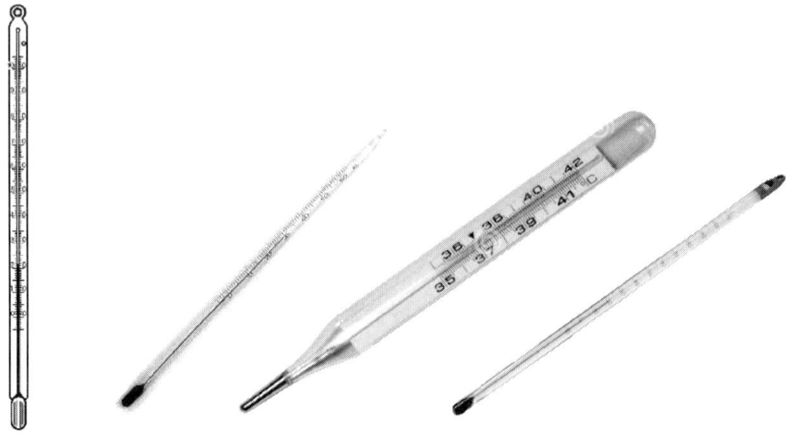

图 1-9 常见温度计

1.3.5 烧杯

烧杯呈圆柱形，顶部的一侧开有一个槽口，便于倾倒液体，是一种常见的实验室玻璃器皿，通常由玻璃、塑料或者耐热玻璃制成。烧杯有一般型和高型、有刻度和无刻度等几种。有些烧杯外壁标有刻度，可以粗略估计烧杯中液体的体积。一般以容积表示规格，有 50mL、100mL、250mL、500mL、1000mL、2000mL 等几种。

烧杯常用来配制溶液和作为较大量的试剂的反应容器。在操作时，经常会用玻璃棒或者磁力搅拌器来进行搅拌。玻璃烧杯可以加热。加热时烧杯底部要垫石棉网，所盛反应液体一般不能超过烧杯容积的 2/3。也可用于配制溶液。塑料质（聚四氟乙烯）烧杯常用作强碱性溶剂或氢氟酸分解样品的反应容器。加热温度一般不能超过 200℃。

1.3.6 锥形瓶

外观呈平底圆锥状，下阔上狭，有一圆柱形颈部，上方有一较颈部阔的开口，可用由软木或橡胶制作成的塞子封闭。常用作反应容器、接收容器、滴定容器和液体干燥器等，一般以容积表示规格，有 5mL、100mL、250mL、500mL 等几种。瓶身上多有数个刻度，以标示所能盛载的容量。

锥形瓶一般使用于滴定实验中。为防止滴定液下滴时会溅出瓶外，造成实验误差，将瓶子放于磁力搅拌器上搅拌。锥形瓶口小、底大，利于滴定过程振荡时反应充分而液体不易溅出，可用手握住瓶颈以手腕晃动，混合均匀（见图 1-5）。锥瓶亦可用于普通实验，制取气体或作为反应容器。其锥形结构相对稳定，不易倾倒。

锥形瓶可在水浴或电炉上加热，电炉上加热时应垫石棉网，以防破裂。有塞的锥形瓶又叫碘量瓶，可在间接碘量法中使用。

1.3.7　试管

试管是化学实验室常用的仪器，一般分为硬质试管和软质试管、普通试管和离心试管等几种。一般以容积表示规格，有5mL、10mL、15mL、20mL、25mL等几种。无刻度试管按外径（mm）×管长（mm）分类，有8×70、10×75、10×100、12×100、12×120等规格。

试管常用作常温或加热（加热之前应该预热，不然试管容易爆裂）条件下少量试剂的反应容器，便于操作和观察，也可用来收集少量的气体。离心试管主要用于沉淀分离。离心试管加热时可采用水浴，反应液不应超过容积的1/2。

1.3.8　量筒

量筒是用来量取液体体积的仪器。一般以容积表示规格，有5mL、10mL、25mL、50mL、100mL、500mL、1000mL等几种。量筒越大，管径越粗，其精确度越小，由视线的偏差所造成的读数误差也越大。实验中应根据所取溶液的体积，尽量选用能一次量取的最小规格的量筒，如量取70mL液体，应选用100mL量筒。使用时不可加热，也不可用来量取热的液体或溶液，不可作实验容器，以防影响容器的准确性。

1.3.9　抽滤瓶

抽滤瓶的外形极似锥形瓶，只是在管口处多开了一个侧向的连接口（见图1-10），用来接上塑胶管再接到水流抽气泵上。用于减压过滤，上口接布氏漏斗或玻璃漏斗，侧嘴接真空泵，不能加热。一般以容积表示规格，有50mL、100mL、250mL、500mL等几种。

当抽滤瓶口放上布氏漏斗过滤时，此时水流抽气泵开始抽气，使抽滤瓶内的空气压力降低。当漏斗上的滤纸内有溶液存在，由于大气压力和重力的作用，这些溶液即会经过滤纸流入下方的抽滤瓶中，残留的固体则留在滤纸上，达到过滤的目的。

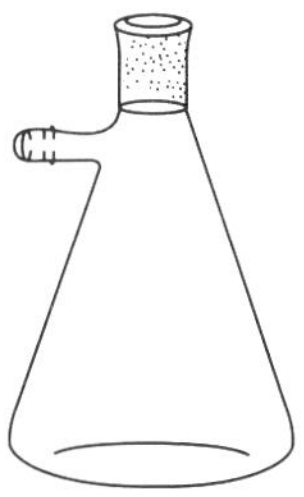

图1-10　抽滤瓶（减压过滤瓶）

图1-11　细口瓶

1.3.10　细口瓶

细口瓶用于盛放液体药品或溶液（见图1-11）。通常为玻璃质，有磨口和不磨口、无色和有色（避光）之分。一般以容积表示规格，有100mL、125mL、250mL、500mL、

1000mL 等几种。注意事项：①不能直接加热，作气体燃烧实验时，应在瓶底放薄层的水或沙子，以防破裂；②细口瓶不能放置碱性物质，因碱性物质会把广口瓶颈和塞粘住；③细口瓶不用时，应用纸条垫在瓶塞与瓶颈间，以防打不开；④细口瓶与塞均配套，防止弄乱。

1.3.11 广口瓶

广口瓶用于储存固体药品，也作集气瓶使用（见图 1-12）。有无色和棕色（避光）、磨口和光口之分。注意事项同细口瓶。

一般以容积表示规格，有 30mL、60mL、125mL、250mL、500mL 等几种。

1.3.12 滴瓶

当使用的液体化学药品每次的用量很少，或者很容易发生危险时，则多选用滴瓶来盛装该溶液。滴瓶瓶口内侧磨砂，与细口瓶类似，但瓶盖部分用滴管取代（见图 1-13），滴管为专用，不得弄脏弄乱，以防沾污试剂，滴管不能吸得太满或倒置，以防试剂腐蚀乳胶头。通常液态的酸碱指示剂都是装在滴瓶中使用。

滴瓶分无色和棕色（避光）两种。一般以容积表示规格，有 15mL、30mL、60mL、125mL 等几种。

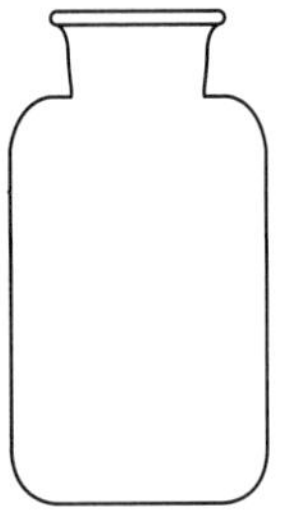

图 1-12 广口瓶

图 1-13 滴瓶

1.3.13 漏斗

用于过滤沉淀或倾注液体，长颈漏斗也可用于装配气体发生器，不能加热。若需加热，可用铜漏斗过滤，但可过滤热的液体。

常见漏斗见图 1-14，其中分液漏斗的活塞和盖子都是磨砂口的，若非原配可能不严密。所以使用时要注意保护，各个分液漏斗之间也不要互相调换，用后一定要在活塞和盖子的磨砂口间垫上纸片，以免日久后难以打开。

布氏漏斗用于减压过滤，常与抽滤瓶配套使用，不能加热，滤纸应稍小于其内径。

1.3.14 表面皿

玻璃质，圆形状，中间稍凹，可以用来做一些蒸发液体的工作，它可以让液体的表面积加大，从而加快蒸发。表面皿可用于盖在烧杯上，防止杯内液体迸溅或污染。使用时不能直接加热。

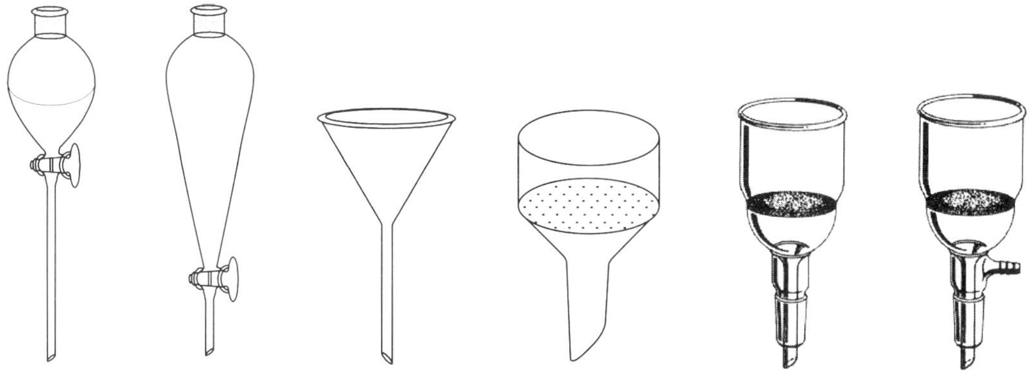

图 1-14 常见漏斗

一般以直径单位表示规格，有 45mm、65mm、75mm、90mm 等几种。

1.4 光谱学分析基础知识

光学分析法是以电磁辐射的测量或辐射与物质的相互作用为基础的一大类仪器分析方法。一方面，当某种能量作用于待测物质时，待测物质可能产生光辐射；另一方面，当光辐射作用于待测物质时可引起待测物质物理化学特性的改变，光辐射的光学特性也可能发生变化。通过检测这些变化所产生的信号，可以建立一系列的分析方法，这些方法都可归类于光学分析法。

吸收光谱法（Absorption Spectrometry）是基于物质对光的选择性吸收而建立起来的一种光学分析方法。包括紫外-可见吸收光谱法、红外光谱法和原子吸收光谱法等。吸收光谱法所测量的是物质对光的吸收程度，它属于仪器分析法，与化学分析法相比，主要有以下特点：

① 灵敏度高。常用于含量在 $1\%\sim10^{-3}\%$ 的微量组分的测定，甚至可以测定含量低至 $10^{-4}\%\sim10^{-5}\%$ 的痕量组分。

② 仪器设备简单，操作简便、快速。

③ 精准度较高。一般吸收光谱法的相对误差为 $2\%\sim5\%$，若使用精密仪器，误差可降低至 $1\%\sim2\%$，完全能够满足微量组分的测定要求。

④ 应用广泛。该法不仅可以测定绝大多数无机离子，也能测定许多有机物；不仅可用于定量分析，也可用于某些有机物的定性分析；还可用于某些物理化学常数及络合物组成的测定。

基于上述特点，吸收光谱法作为光谱分析的一个重要组成部分，被称作现代分析化学的“常规武器”。以下将对吸收光谱法的原理、仪器作简单介绍。

1.4.1 光的基本性质

光是一种电磁波，具有波粒二象性。光的波粒二象性可以用频率 ν、波长 λ、速度 c、能量 E 等参数来描述，各参数之间的关系可由普朗克公式给出：

$$E=h\nu=hc/\lambda$$

式中，h 为普朗克常量，其值为 6.63×10^{-34} J·s。普朗克公式表示了光的波动性与粒子性之间的关系。显然，不同波长的光具有不同的能量，波长愈短，能量愈高；波长愈长，能量愈低。通常意义的单色光是指其波长处于某一范围的光；而复合光则由不同单色光组成，例如阳光和白炽灯泡发出的光均为复合光。

1.4.2 物质对光的选择性吸收

(1) 物质对光产生选择性吸收的原因 在一般情况下，物质的分子都处于能量最低、最稳定的基态。当用光照射某物质后，如果光具有的能量恰与物质分子的某能级差相等，这一波长的光即可被分子吸收，从而使其产生能级跃迁而进入较高的能态。由于不同物质的分子其组成和结构不同，它们所具有的特征能级也不同，故能级差不同，而各物质只能吸收与它们分子内部能级差相当的光辐射，所以不同物质对不同波长的光的吸收具有选择性。

(2) 吸收曲线（吸收光谱） 让不同波长的单色光依次照射某一吸光物质，并测量该物质在每一波长处对光吸收程度的大小（吸光度），以波长（λ）为横坐标，吸光度（A）为纵坐标作图，即可得到一条吸光度随波长变化的曲线，称之为吸收曲线或吸收光谱，它能更准确地描述物质对各种不同波长光的吸收情况。

图 1-15 是 $KMnO_4$ 和 $K_2Cr_2O_7$ 溶液的吸收曲线。不同物质的吸收曲线不同，$KMnO_4$ 溶液选择性地吸收波长在 525nm 附近的绿青色光，而对与绿青色光互补的 400nm 附近的紫色光几乎不吸收。所以 $KMnO_4$ 溶液呈紫红色。吸收曲线中吸光度最大值处（吸收峰）对应的波长称为最大吸收波长，以 λ_{max} 表示，$KMnO_4$ 的最大吸收波长 $\lambda_{max}=525$nm。

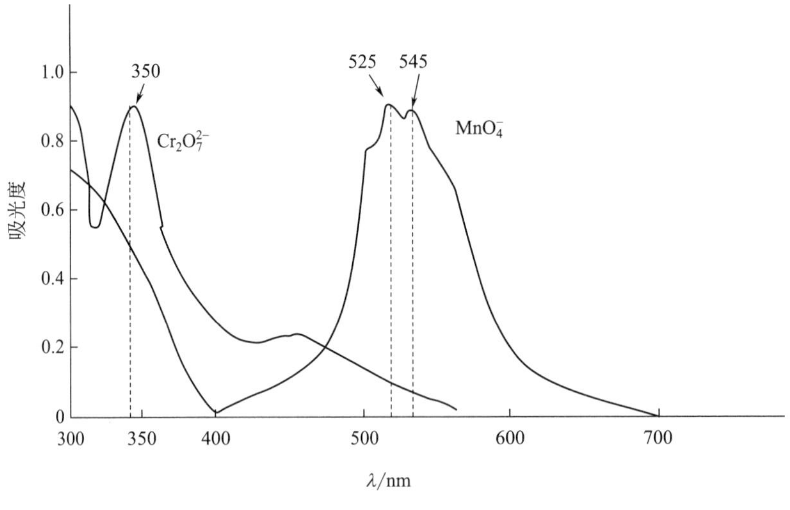

图 1-15 $Cr_2O_7^{2-}$、MnO_4^- 的吸收光谱

吸收曲线的形状和 λ_{max} 的位置取决于物质的分子结构，不同的物质因其分子结构不同而具有各自特征的吸收曲线，据此可以进行物质的定性分析。对于同一物质，浓度不同，其吸收曲线的形状和 λ_{max} 的位置不变，只是在同一波长下吸光度随着浓度的增大而增大，据此可以进行物质的定量分析。显然，在 λ_{max} 处测量吸光度的灵敏度最高。因此，吸收曲线是吸收光谱法选择测量波长的依据。如果没有其他干扰，一般都选择 λ_{max} 作为测定波长。

(3) 光吸收的基本定律 光吸收的基本定律服从朗伯-比尔定律，即当一束平行单色光垂直通过某一均匀非散射的吸光物质时，其吸光度 A 与吸光物质的浓度 c 以及吸收层厚度 b 成正比。

$$A=abc$$

式中，A 为吸光度；a 为吸收系数；b 为吸收池厚度；c 为溶液浓度。

利用朗伯-比尔定律可以实现对已知溶液浓度的测定，这时往往需要绘制标准曲线，又称工作曲线。在绘制时，首先在一定条件下配制一系列具有不同浓度吸光物质的标准溶液（称标准系列），然后在确定的波长和光程等条件下，分别测量系列溶液的吸光度，绘制 A-c（吸光度-浓度）曲线，即标准曲线。

当需要对某未知液的浓度 c_x 进行定量测定时，只需在相同条件下测得未知液的吸光度 A_x，就可由 $c_x=A_x/ab$ 计算得出或直接在标准曲线上查得 c_x。

1.4.3 光谱分析仪器

研究吸收或发射光的强度和波长关系的仪器称为分光光度计，其种类和型号虽然众多，但基本都由光源、单色器（分光系统）、吸收池、检测系统和信号显示系统五大部分组成。

(1) 光源 在仪器工作的波长范围内，光源应能提供具有足够发射强度、稳定且波长连续变化的复合光，同时发射光的强度还应不随波长的变化而明显改变。为了使光源的发射光强度稳定，一般采用稳压器严格控制电源电压。

(2) 单色器（分光系统） 单色器的作用是从光源发出的复合光中分出所需要的单色光。

(3) 吸收池 吸收池又称比色皿，是用于盛装参比溶液、试样溶液的容器。

(4) 检测系统 通常是使通过吸收池后的透射光投射到检测器上，利用光电效应而得到与照射光强度成正比的光电流再进行测量，因而检测器又称光电转换器。

(5) 信号显示系统 它的作用是检测光电流强度的大小，并以一定的方式显示或记录下来。

1.5 色谱分析基础知识

色谱是一种分离技术。色谱法（Chromatography）又称“色谱分析”“色谱分析法”，是一种分离和分析方法，自20世纪初被提出后，由于其分离效果好，操作简便，目前已发展成为一门内容十分丰富的专门学科。在分析化学、有机化学、生物化学等领域有着非常广泛的应用。

色谱法是利用组分在不相混溶的两相中分配的差异而进行分离的。其中一相为固定相，另一相为流动相。色谱过程的本质是待分离物质分子在固定相和流动相之间分配平衡的过程，不同的物质在两相之间的分配会不同，当流动相对固定相作相对移动时，待分离组分在两相之间反复进行分配，使它们之间微小的分配差异得到放大，使其随流动相运动速度各不相同，随着流动相的运动，混合物中的不同组分在固定相上相互分离。

色谱法可以有不同的分类方法。如按流动相的聚集态分类，可分为以气体为流动相的气相色谱法和以液体为流动相的液相色谱法。如以固定相的形状及操作方式分类可分为柱色谱、纸色谱和薄层色谱。如以分离机理分类则可分为吸附色谱、分配色谱、凝胶色谱和离子交换色谱等。在色谱法中，属于仪器分析方法的气相色谱法和高效液相色谱法近年来发展极快，已成为一门相对独立的分支学科，在仪器分析课程中将专门讨论。

1.5.1 经典液相色谱法

色谱柱通常为玻璃柱或塑料柱，其中填充硅胶或氧化铝等吸附剂作为固定相。将试液加到色谱柱上后，待分离组分将被吸附在柱的上端，再用一种洗脱剂从柱上方进行洗脱。洗脱剂又称展开剂，通常为有机溶剂，在柱色谱中作流动相。例如试液中含有 A、B 两组分，假设固定相对 A 的吸附力大于 B，则 A 先于 B 被吸附。但由于上述吸附力的差别往往很小，因此开始并不能使两者分离。当用适当的有机溶剂洗脱时，随着 A、B 两组分在固定相与流动相之间反复进行吸附和解吸，它们在柱上迁移的速度就发生了差别，其中受固定相吸附力较大的 A 迁移速度较 B 小。经过一段时间后，它们就逐渐被分离开来。综上所述，就分离机理而言，柱色谱一般属于吸附色谱。如果 A、B 具有不同颜色，两者被分离后，色谱柱上就会出现两条颜色不同的色带，“色谱”一词即来源于此。如果继续洗脱，并用不同的容器接收，就会得到分别含有 A 和 B 组分的溶液。

在色谱分离中，溶质组分既能进入固定相又能进入流动相。如果流动相的流速足够小，组分将在两相中达到分配平衡，其分配系数用 K_D 表示：

$$K_D = c_s / c_m$$

式中，c_s 和 c_m 分别表示组分在固定相和流动相中的浓度。在一定条件下 K_D 是常数。当固定相和流动相一定时，不同组分的分配系数通常是不同的。K_D 值大的组分在固定相中保留的时间长，移动速度慢，不易被洗脱；K_D 值小的组分则相反。$K_D=0$ 的组分不被固定相所保留，最先随流动相流出。待分离组分的 K_D 值差别越大，越容易使它们分离。为此，必须根据物质的结构和性质选择适宜的吸附剂和洗脱剂。

选择洗脱剂时应综合考虑吸附剂的吸附能力和待分离组分的极性。一般来说，采用吸附性较弱的吸附剂分离极性较大的物质时，应选用极性较大的洗脱剂；反之，采用吸附性较强的吸附剂分离极性较小的物质时，应选用极性较小的洗脱剂。

柱色谱的优点是分离效果好，适用范围广，可以用来分离很多性质相似的有机化合物。它的缺点是不灵敏，只适用于大量试样中各组分的分离，且需耗费较多的洗脱剂。

1.5.2 气相色谱法

气相色谱（Gas Chromatography，GC）是机械化程度很高的色谱方法，气相色谱系统由气源、色谱柱和柱箱、检测器和记录器等部分组成。气源负责提供色谱分析所需要的载气，即流动相，载气需要经过纯化和恒压处理。气相色谱的色谱柱，根据结构可以分为填充柱和毛细管柱两种，填充柱比较短粗，内径在 2～6mm，长度在 0.5～6m 之间，外壳材质一般为不锈钢，内部填充固定相填料；毛细管柱由玻璃或石英制成，内径在 0.1～0.53mm，长度在 15～100m 之间，柱内或者填充填料或者涂布液相的固定相。柱箱是保护色谱柱和控制柱温度的装置，在气相色谱中，柱温常常会对分离效果产生很大影响，程序性温度控制常常是达到分离效果所必需的，因此柱箱扮演了非常重要的角色。检测器是气相色谱带给色谱分析法的新装置，在经典的柱色谱和薄层色谱中，对样品的分离和检测是分别进行的，而气相色谱中则实现了分离与检测的结合，随着技术的进步，气相色谱的检测器已经有超过 30 种不同的类型。记录器是记录色谱信号的装置，早期的气相色谱使用记录纸和记录器进行记录，现在的记录工作都已经依靠计算机完成，并能对数据进行实时的化学计量学处理。气相色谱被广泛应用于小分子量复杂组分物质的定量分析。

1.5.3 高效液相色谱法

高效液相色谱（High Performance Liquid Chromatography，HPLC）是目前应用最多的色谱分析方法，高效液相色谱系统由流动相储液器输液泵、进样器、色谱柱、检测器和记录器组成，其整体组成类似于气相色谱，但是针对其流动相为液体的特点作出很多调整。HPLC的输液泵要求输液量恒定平稳；进样系统要求进样便利切换严密；由于液体流动相黏度远远高于气体，为了降低柱压，高效液相色谱的色谱柱一般比较粗，长度也远小于气相色谱柱。HPLC应用非常广泛，几乎遍及定量、定性分析的各个领域。

高效液相色谱法和气相色谱法都具有高效、高选择性、高灵敏度、高自动化的特点，但是高效液相色谱法还具有以下三个方面的特点。①应用范围广：GC主要用于分析易挥发、热稳定性好的化合物，而它们仅占有机物总数的20%左右；而HPLC不受样品挥发性、热稳定性的限制，能分析的物质占有机物总数的80%左右，应用范围广。②操作温度低：GC一般在较高温度下进行分离，而HPLC一般在室温下进行分离分析，操作方便。③流动相种类多：GC用气体作为流动相，载气种类少，它和组分之间没有相互作用力，仅起运载作用；HPLC以液体为流动相，种类多，可供选择范围广，而流动相和组分之间有亲和力，因此改变流动相可提高分离的选择性，改善分离度。

第2章

基础教学实验

实验1　分析天平的基本操作

【实验引入】

天平是一种古老的计量仪器。早在春秋战国时期就已使用天平，春秋末期，楚国已广泛使用小型的权衡器称量黄金，它制作精巧，最小的砝码只有0.2g。

早期的天平由一根横梁和两个秤盘组成，横梁的中央用细绳悬挂作为支点，秤盘用细绳悬挂在横梁的两端，如图1(a)所示。到18世纪，天平开始采用刀子支承，精度大大提高，到了19世纪下半叶，天平的精度基本上达到了现在的水平。1851年首次在天平上装设骑码装置；1866年开始采用短臂横梁结构；1872年首次用铅作横梁的材料；1902年在天平上引入机械加码的装置；1915年在天平上使用链条作调零机构。1945年瑞士研制出第一台实用的单盘天平，它比起传统的双盘天平具有更多的优越性，如能消除不等臂误差，灵敏度不随载荷的变化而变化等。但直到1960年单盘天平才逐渐取代了传统的双盘天平。第二次世界大战后，由于天平的精度能够基本满足使用要求，各天平生产厂就致力于研究如何加快天平的称量速度，改善天平的性能，提高使用的方便性，提高天平的自动化程度、稳定性和可靠性等。20世纪60年代以来，电子技术获得了惊人的发展，在各个领域得到了广泛的应用，将古老的天平与新兴的电子技术相结合，上皿式天平问世。上皿式电子天平与传统的杠杆式天平大不相同。它没有横梁，没有刀子，没有砝码，应用的是磁悬原理。

目前，上皿式电子天平大多采用大规模集成电路或微处理机，能自动称重，连续去皿，整个天平只有一个控制杆，操作非常简便。通过输出可与数据处理装置相连，可自动打印数字，计算零件数量，测物体密度和含水量等。天平的应用十分广泛，不仅用于计量部门，还用于工业、农业、国防、科学研究等，甚至于日常生活中。展望未来，天平尤其是电子天平会继续向增强功能的方向发展，而整个趋势是向高精度、高效率、高抗扰能力和单盘天平取代双盘天平、电子天平取代机械式天平、上加式取代下皿式的所谓“三高三代替”的方向发展。可以预测，今后将会有越来越多的外部设备和天平结合起来。不用多久，天平、计算器、处理机和打印机将会结合成一个整体。通过本实验带领同学们学习一下常见的电子分析天平［如图1(b)］的使用。

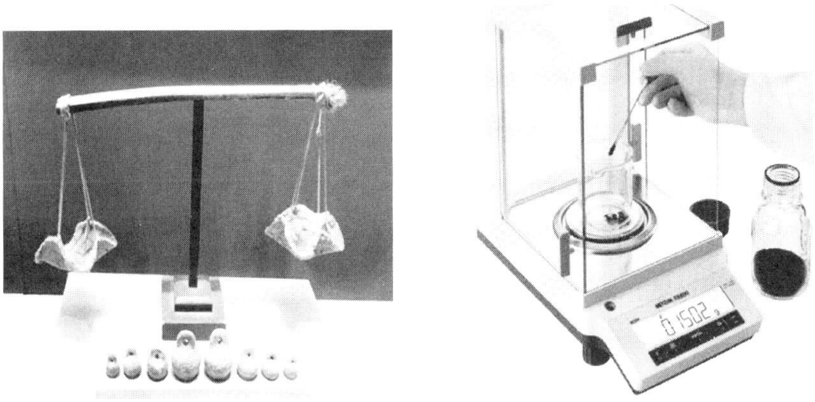

(a) (b)

图1 早期天平（a）和电子分析天平（b）

【实验目标】

知识目标 了解电子分析天平的构造，掌握电子分析天平的使用规则。

技能目标 掌握正确的称量方法，学会直接称量法、递减称量法。

价值目标 培养严谨、科学的学习态度，细节决定成败。

【实验原理】

分析天平是定量分析工作中不可缺少的重要仪器，一般是指能精确称量到0.0001g（0.1mg）的天平。分析天平的种类较多：机械式、电子式、手动式、半自动式、全自动式等等。

分析天平类型多种多样，但其原理与使用方法基本相同。本实验主要介绍电子分析天平。电子分析天平是基于电磁力平衡原理来称量的天平。其基本原理为：在磁场中放置通电线圈，线圈将产生磁力。若磁场强度保持不变，磁力大小与线圈中的电流大小成正比。称量物体时，物体产生向下的重力，线圈产生向上的磁力，为维持两者的平衡，反馈电路系统会很快调整好线圈中的电流大小。达到平衡时，线圈中的电流大小与被称量的物体质量成正比。

电子分析天平有即时称量、不需砝码、直接读数、性能稳定、灵敏度高、操作方便快捷等特点。此外，电子分析天平还具有自动校正、自动去皮、超载显示、故障报警等功能，这些优点是机械天平无法比拟的。因此，电子分析天平的应用越来越广泛。

【仪器与试剂】

仪器：电子分析天平，称量瓶，表面皿（或小烧杯），药匙。

试剂：NaCl固体。

【实验步骤】

1. 使用步骤

（1）查看水平仪。如水平仪水泡偏移，调整水平调节脚，使水泡位于水平仪中心。

（2）接通电源，预热30min。

（3）打开电源，在天平显示“0.0000g”后，方可进行称量操作。

2. 固定质量称量法称量（称取0.2000g NaCl试样3份）

（1）取一洁净的表面皿（或小烧杯），放入电子分析天平的托盘中央，待天平稳定显示单位“g”后，读出其质量 m_1。

（2）然后用药匙慢慢加入试样至所加量与所需量相同。左手持盛有试样的药匙，在容器上方 2～3cm 处，用左手拇指、中指及掌心拿稳药匙，以食指轻轻敲药匙柄，使匙内的试样缓慢地抖入容器中。

（3）当显示屏中数字与所需要的数值相同时，立即停止抖入试样。称量完毕，记下读数 m_2，由此可得第一份试样的质量。

（4）重复上述操作，称得第二份、第三份试样的质量。

3. 递减称量法称量（称取 0.30～0.32g 试样 3 份）

（1）取一只洁净、干燥的称量瓶，用药匙将适量试样（略多于所需称取的试样总量，如称取三份 0.3g 试样，则需加入 1g 左右试样）装入称量瓶内，盖上瓶盖。用手套或干净的纸折成纸条套住称量瓶，将称量瓶（含盖）放在托盘上，准确称出称量瓶加试样的质量，记下读数 m_1。

（2）用纸条套住称量瓶，将其从托盘上取出，右手戴手套或用一洁净小纸片包住瓶盖柄，在接收容器（如小烧杯、表面皿）上方打开瓶盖，慢慢倾斜称量瓶身，用瓶盖轻轻敲瓶口部，使试样缓缓落入容器中。直到倒出的试样接近所需要的试样量时，边敲边慢慢竖起称量瓶，使黏附在瓶口的试样落入容器或落回称量瓶中，再盖好瓶盖。

（3）再把称量瓶放回托盘上，记下此时读数 m_2，由两次读数差值即可得到第一份试样质量。

（4）重复上述操作，称取第二份、第三份试样质量。

【数据记录与处理】

称取 0.2000gNaCl 试样，分别将固定质量称量法和递减称量法测得的数据记入表 1 和表 2。

（1）固定质量称量法

表 1　固定质量称量法记录表

项目	测定次数		
	1	2	3
表面皿质量 m_1/g			
（NaCl＋表面皿）质量 m_2/g			
NaCl 的质量/g			

（2）递减称量法

表 2　递减称量法记录表

项目	测定次数		
	1	2	3
（称量瓶＋试样）的质量（倾出前）m_1/g			
（称量瓶＋试样）的质量（倾出后）m_2/g			
倾出试样的质量（m_1-m_2）/g			

【注意事项和维护】

1. 使用前打开天平防尘罩，观察仪器是否摆放水平，插上电源预热 30min。
2. 每次放入称量瓶后必须关好门（要轻轻开门和关门）。
3. 读数前身体、手等不能放在台面上。

4. 每次敲击时，用瓶盖边缘敲击瓶口，左右敲击，不可前后敲击，不能敲击瓶底；敲击结束时，在瓶口轻敲，让药品平铺于瓶底，并立即盖好瓶盖。

5. 结束后，先关机再取出药品，并清扫仪器，称量瓶及药品放回指定的地方，不可直接把药品放回原来的试剂瓶。

6. 关好天平的门，罩好防尘罩，带走杂物等，方可离开。

思考题

1. 实验过程中数据记录要注意什么？
2. 如何快速地称到所需量的药品？
3. 递减称量法称量时，导致结果偏低的可能原因有哪些？

实验2 滴定分析基本操作

【实验引入】

将已知准确浓度的标准溶液，滴加到被测溶液中（或者将被测溶液滴加到标准溶液中），直到所加的标准溶液与被测物质按化学计量关系定量反应为止，然后测量标准溶液消耗的体积，根据标准溶液的浓度和所消耗的体积，算出待测物质的含量。这种定量分析的方法称为滴定分析法，它是一种简便、快速和应用广泛的定量分析方法，在常量分析中有较高的准确度。酸碱中和滴定时，常用的仪器如图1。

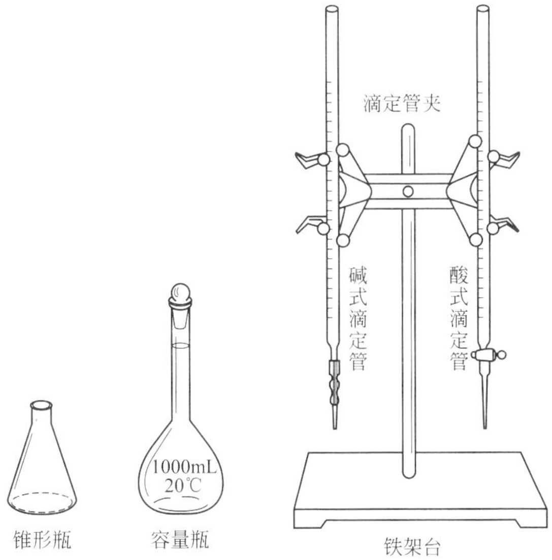

图1 酸碱中和滴定常用的仪器

滴定分析法在化工、农业生产和医药卫生等方面都有非常重要的意义。"三酸"（盐酸、硫酸和硝酸）和"二碱"（烧碱和纯碱）是重要的化工原料，都用此法分析它们的纯度。如在测定制造肥皂所用油脂的皂化值时，先用氢氧化钾的乙醇溶液与油脂反应，然后用盐酸返滴定过量的氢氧化钾，从而计算出 1g 油脂消耗多少质量（mg）的氢氧化钾，作为制造肥皂时所需碱量的依据。又如测定油脂的酸值时，可用氢氧化钾溶液滴定油脂中的游离酸，得到 1g 油脂消耗多少质量（mg）氢氧化钾的数据。酸值大小可说明油脂的新鲜程度。粮食中蛋白质的含量可用克氏定氮法测定。很多药品是很弱的有机碱，可以在冰醋酸介质中用高氯酸滴定。那么，滴定分析法是怎么实现的呢？基本的操作是什么呢？

【实验目标】

知识目标 了解滴定分析法测定溶液浓度的原理。

技能目标 掌握玻璃仪器的洗涤方法；练习滴定实验操作，熟悉正确使用酸碱滴定管、移液管的方法。

价值目标 把握好自己的人生突跃。

【实验原理】

滴定分析是将一种已知准确浓度的标准溶液滴加到被测试样的溶液中，直到化学反应恰好完全为止，然后根据标准溶液的浓度和体积求得被测试样中组分含量的一种方法。酸碱滴定是利用酸碱中和反应，测定酸溶液或者碱溶液浓度的一种定量分析方法。

扫码看视频

酸碱中和反应有如下关系

$$\frac{c_{酸}V_{酸}}{\nu_{酸}}=\frac{c_{碱}V_{碱}}{\nu_{碱}}$$

酸碱滴定法中常用的标准溶液是 HCl 和 NaOH 溶液，其浓度一般为 0.1mol/L。HCl 及 NaOH 标准溶液均采用间接配制法配制，即先配成大致所需的浓度，然后用基准物进行标定。标定 HCl 标准溶液常用的基准物有无水碳酸钠及硼砂。标定 NaOH 标准溶液的基准物有草酸、草酸氢钾、邻苯二甲酸氢钾等。

【仪器与试剂】

仪器：酸式滴定管，碱式滴定管，锥形瓶，铁架台（含滴定管夹），洗耳球、移液管。

试剂：0.1000mol/L 草酸标准溶液（实验室准备），0.1mol/L HCl 溶液（实验室准备），0.1mol/L NaOH 溶液（实验室准备），1%酚酞，0.1%甲基橙。

【实验步骤】

1. 氢氧化钠溶液的标定

(1) 用移液管吸取 20.00mL 草酸标准溶液于锥形瓶中，再加 2 滴酚酞作指示剂，摇匀。

(2) 将待标定的 NaOH 溶液装入已洗净的碱式滴定管内，除气泡，调整液面位置，记下初读数，然后进行滴定，溶液由无色变为淡红色（30s 不褪色）即为终点，记下此时液面的位置（末读数），由此计算出碱液用量。再重复滴定两次。三次所用碱的体积相差小于 0.05mL，把数据记入表 1 中。

2. 盐酸溶液浓度的标定

(1) 用移液管吸取 25.00mL 已标定的 NaOH 溶液于锥形瓶中，加入 2～3 滴甲基橙指示剂，摇匀。

(2) 在酸式滴定管内加入待标定的 HCl 溶液，除气泡，调整液面位置，记下初读数，然后进行滴定，溶液颜色由黄色变为橙色时即为终点，记下此时滴定管中液面的位置（末读数），由此计算出盐酸溶液的用量。再重复滴定两次。三次所用酸的体积相差小于0.05mL，把数据记入表2中。

【数据记录与处理】

表1 NaOH溶液的滴定

实验序号		1	2	3
$V_{草酸}$/mL				
$c_{草酸}$/(mol/L)				
V_{NaOH}/mL	末读数			
	初读数			
	净用量			
c_{NaOH}/(mol/L)				
$c_{NaOH平均}$/(mol/L)				

表2 HCl溶液浓度的测定

实验序号		1	2	3
V_{NaOH}/mL				
c_{NaOH}/(mol/L)				
V_{HCl}/mL	末读数			
	初读数			
	净用量			
c_{HCl}/(mol/L)				
$c_{HCl平均}$/(mol/L)				

实验结果计算：

$$c(待)=c(标)V(标)/V(待)$$（注意取平均值）

【注意事项和维护】

1. 滴定过程中要边滴边振荡，快要到达终点时，要放慢滴定速度。
2. 半滴操作时一定要用洗瓶将挂在杯壁的药品冲洗到溶液中。
3. 酚酞作指示剂，可用白纸作背景便于观察无色变成淡粉色的实验现象。

思考题

1. 酸碱指示剂的选择原则是什么？
2. 在盐酸标定实验过程可否用酚酞作指示剂？
3. 何为基准物质？常见用于标定盐酸的基准物质有哪些？

实验 3 化学反应级数的测定

【实验引入】

化学反应速率和化学平衡是两个不相同但又互相关联的概念，它们是研究化学反应的两个基本问题。化学反应速率是讨论在指定条件下化学反应进行快慢的问题；化学平衡研究可逆反应进行的程度。

在化工生产中，人们总希望一些反应进行得快一些，反应完全一些，同时要抑制一些不利的反应发生。因此，我们有必要研究化学反应速率和化学平衡的规律，应用这些规律来控制化工生产，同时这也是今后学好化学必备的基础理论知识。

不同化学反应的反应速率千差万别，如炸药的爆炸、502 胶水的黏合等，往往只需要几秒反应即可完成；常见的饮料瓶——聚乙烯的聚合过程需要几个小时；室温下塑料的老化和降解需要按年计算；而地壳下石油和煤的形成却要经过几十万年。同一化学反应在不同条件下，也表现出不同的反应速率。参与反应的物质越多，反应速率越快，少量的火药可以制备出鞭炮，而使用大量火药制备出的炸药可瞬间摧毁万物。反应温度越高，反应速率越快，腌咸菜时要放很长时间才会入味，但是炒菜时味道很快就会进入菜里。此外，催化剂、物质本性等也影响着化学反应速率。其中，反应级数就是研究反应物的量对反应速率影响程度的参数。

研究化学反应速率的影响因素，可以达到提高化学反应的速率、抑制副反应、减少原材料的消耗、增加产量、提高产品的质量的目的；还可以指导如何避免危险品爆炸、如何延缓金属腐蚀和塑料的老化、如何延长食品的保鲜期等等，从而极大提高人们的生活质量和生产能力。

【实验目标】

知识目标 了解化学反应速率的影响因素，掌握反应级数的意义。

技能目标 掌握滴定管的使用方法，掌握反应级数的测试方法。

价值目标 培养学生严谨细致、一丝不苟、实事求是的科学态度和探索精神。

【实验原理】

一定温度下，化学反应速率与反应物浓度的定量关系可用反应速率方程式表示，例如反应

$$aA+bB+\cdots=\!=\!=gG+dD+\cdots$$

反应速率方程式为

$$v=kc_A^{\alpha}c_B^{\beta}\cdots$$

式中，k 为反应速率常数，其只取决于反应物本性、反应温度和催化剂等；各浓度项上的指数（α，β，…）称为反应的分级数，它们分别表示反应物的浓度对反应速率影响的程度，而各项浓度指数之和（$\alpha+\beta+\cdots$）为总反应级数。对于不同的反应，α 和 β 的数值可以是整数或分数或零，都是由实验测得的。

例如反应方程式(1)，要测定 Fe^{3+} 的反应级数 α 时，应使温度以及其他反应物的浓度等反

应条件保持不变，通过测定 Fe^{3+} 不同起始浓度 c_0 时的反应速率 v，然后以 $\lg v$ 对 $\lg c_0(Fe^{3+})$ 或以 $\ln v$ 对 $\ln c_0(Fe^{3+})$ 作图，所得直线的斜率即为 α。

$$2Fe^{3+}(aq)+2I^-(aq)\!=\!=\!=\!2Fe^{2+}(aq)+I_2(s) \quad (1)$$

本实验测定的 Δt 时间内的平均反应速率，是通过测定消耗相同量 $Na_2S_2O_3$ 所需的 Δt 来确定的，因为在反应溶液中加入的 $Na_2S_2O_3$ 可以使反应（1）生成的 I_2 立即转变成无色的 I^- 和 $S_4O_6^{2-}$：

$$2S_2O_3^{2-}(aq)+I_2(s)\!=\!=\!=\!S_4O_6^{2-}(aq)+2I^-(aq) \quad (2)$$

当溶液中的 $Na_2S_2O_3$ 耗尽时，反应（1）产生的 I_2 与淀粉作用生成特征的蓝色。因此，只需测定从反应溶液混合至蓝色出现的时间间隔 Δt，由已知的 $Na_2S_2O_3$ 的起始浓度 $c_0(S_2O_3^{2-})$［即 $\Delta c(S_2O_3^{2-})$］即可求得反应速率 v。

又由反应式(1)与反应式(2)的化学计量数关系可知，反应中 Fe^{3+} 的物质的量与 $S_2O_3^{2-}$ 的物质的量的消耗量相当，或者说，它们的浓度变化（以 mol/mL 计）相等，即在时间间隔 Δt 内，$c(Fe^{3+})=c(S_2O_3^{2-})=c_0(S_2O_3^{2-})$。

因此，平均反应速率为

$$v=-\Delta c(Fe^{3+})/\Delta t=-\Delta c(S_2O_3^{2-})/\Delta t=c_0(S_2O_3^{2-})/\Delta t$$

基于反应式(2)这一快速反应的存在，反应式(1)消耗的 I^- 将及时由反应式(2)全数复原，因此，只要保持 I^- 的起始浓度恒定，则在出现蓝色前的反应过程中，I^- 的浓度可认为不发生变化，即 I^- 浓度可自动调节而保持不变，这也是选择本反应来测定反应级数的优点。

同理，测定 I^- 的级数 β 时，应使温度以及 Fe^{3+} 的浓度等其他反应条件保持不变，通过测定 I^- 不同起始浓度时的反应速率 v，然后以 $\lg v$ 对 $\lg c_0(I^-)$ 或 $\ln v$ 对 $\ln c_0(I^-)$ 作图，所得直线的斜率即为 β。由得到的 α 和 β 值可求得总反应级数，即 $(\alpha+\beta)$。

【仪器与试剂】

仪器：烧杯，量筒，三脚架，水浴锅，移液管，吸耳球，白瓷板，玻璃棒，温度计，秒表。

试剂：0.15mol/L 硝酸，0.04mol/L 硝酸铁溶液，0.04mol/L 碘化钾，0.004mol/L 硫代硫酸钠溶液，1%淀粉溶液。

【实验步骤】

1. 反应物 Fe^{3+} 级数的测定

(1) 取 8 只烧杯分成 A、B 各 4 组，并一一作好标记，按表 1 中编号 Ⅰ 至 Ⅳ 的配比，使用移液管准确量取各种溶液，置于相应各烧杯中，混合均匀，配成 A 液和 B 液。

表 1 反应级数测定的溶液配比

实验编号		反应物 Fe^{3+} 级数的测定				反应物 I^- 级数的测定		
		Ⅰ	Ⅱ	Ⅲ	Ⅳ	Ⅴ	Ⅵ	Ⅶ
V_A/mL	0.04mol/mL $Fe(NO_3)_3$	25.00	20.00	15.00	10.00	10.00	10.00	10.00
	0.15mol/mL HNO_3	5.00	10.00	15.00	20.00	20.00	20.00	20.00
	H_2O	20.00	20.00	20.00	20.00	20.00	20.00	20.00

续表

实验编号		反应物 Fe^{3+} 级数的测定				反应物 I^- 级数的测定		
		Ⅰ	Ⅱ	Ⅲ	Ⅳ	Ⅴ	Ⅵ	Ⅶ
V_B/mL	0.04mol/mL KI	10.00	10.00	10.00	10.00	15.00	20.00	25.00
	0.004mol/mL $Na_2S_2O_3$	10.00	10.00	10.00	10.00	10.00	10.00	10.00
	H_2O	25.00	25.00	25.00	25.00	20.00	15.00	10.00
	1%淀粉	5.00	5.00	5.00	5.00	5.00	5.00	5.00

A 液由 $Fe(NO_3)_3$、HNO_3 等溶液与 H_2O 组成，B 液由 KI、$Na_2S_2O_3$、淀粉等溶液与 H_2O 组成，如表 1 所示。测定反应物 Fe^{3+} 的级数时，可改变 4 组 A 液中 $Fe(NO_3)_3$ 溶液的体积，以改变 $c_0(Fe^{3+})$（HNO_3 的体积也应作相应改变，以维持总体积不变）。此时相应 4 组 B 液的配比均相同，以保持 $c(I^-)$ 不变。

（2）分别将盛放第Ⅰ组 A 液、B 液的 2 支烧杯浸入水浴中 2～3min，以使烧杯中溶液的温度与水浴温度一致。测量并记录此时水浴的温度。为便于观察反应中颜色的变化，可在水浴底部放一块白瓷板。

（3）迅速将第Ⅰ组的 B 液倒入 A 液中，同时按动秒表开始计时，并立即用玻璃棒小心搅动，混匀烧杯内的混合溶液。混合时，倾倒动作要尽量快，但又不能将溶液溅出烧杯外。烧杯内尽量勿残留溶液。

（4）反应溶液一经出现蓝色应立即按停秒表，记录时间。反应溶液从混合至出现蓝色的时间间隔即为反应时间 Δt。再次测量水浴的温度，从而求取其与反应开始前的水温的平均值，将有关数据一一记录在表 2 中。

（5）重复上述步骤（2）、（3）和（4），依次混合第Ⅱ组、第Ⅲ组、第Ⅳ组的反应溶液。

（6）根据实验所得有关数据，计算出相应的 $\lg c_0(Fe^{3+})$ 与 $\lg v$ 的数值，以 $\lg c_0(Fe^{3+})$ 为横坐标，$\lg v$ 为纵坐标作图，求得反应物 Fe^{3+} 的级数 α。

2. 反应物 I^- 级数的测定

（1）取 6 只烧杯分成 A、B 各 3 组，并一一作好标记，按表 1 中编号Ⅴ至Ⅶ的配比，准确量取各种溶液，置于相应各烧杯中，混合均匀，配成 A 液和 B 液。

（2）重复上述测定反应物 Fe^{3+} 级数的步骤（2）、（3）和（4）依次混合第Ⅴ组、第Ⅵ组、第Ⅶ组的反应溶液，将有关数据一一记录在表 3 中。

（3）根据实验所得有关数据，计算出相应的 $\lg c_0(I^-)$ 与 $\lg v$ 的数值，以 $\lg c_0(I^-)$ 为横坐标，$\lg v$ 为纵坐标作图，求得反应物 I^- 的级数 β。

【数据记录与处理】

表 2　反应物 Fe^{3+} 级数的测定数据

实验编号		Ⅰ	Ⅱ	Ⅲ	Ⅳ
100mL 混合溶液中各反应物的起始浓度 c_0/(mol/mL)	$Fe(NO_3)_3$				
	KI				
	$Na_2S_2O_3$				

续表

实验编号	Ⅰ	Ⅱ	Ⅲ	Ⅳ
水浴的平均温度 T/K				
反应时间 Δt/s				
$\Delta c(S_2O_3^{2-})$/(mol/mL)				
反应速率 v/[mol/(mL·s)]				
lg v				
$c_0(Fe^{3+})$/(mol/mL)				
lg $c_0(Fe^{3+})$				
α				

表3 反应物 I^- 级数的测定

实验编号		Ⅴ	Ⅵ	Ⅶ
100mL混合溶液中各反应物的起始浓度 c_0/(mol/mL)	$Fe(NO_3)_3$			
	KI			
	$Na_2S_2O_3$			
水浴的平均温度 T/K				
反应时间 Δt/s				
$\Delta c(S_2O_3^{2-})$/(mol/mL)				
反应速率 v/[mol/(mL·s)]				
lg$v$				
$c_0(I^-)$/(mol/mL)				
lg$c_0(I^-)$				
β				

【注意事项和维护】

1. A、B溶液混合时，勿将溶液洒出。
2. 水浴的液面应高于烧杯内反应溶液的液面。
3. 将B液倒入A液时，注意勿将烧杯外的自来水带入A液中。

思考题

1. B液倒入A液与A液倒入B液有何区别？
2. $Na_2S_2O_3$ 的用量对反应有怎样的影响？
3. 在消耗 NaS_2O_3 时，Fe^{3+} 和 I^- 的浓度是否改变？

实验 4 醋酸解离度和解离常数的测定

【实验引入】

醋酸（HAc），也叫乙酸、冰醋酸，化学式 CH_3COOH，是一种有机一元酸。醋酸的羧基氢原子能够部分电离变为氢离子而释放出来，导致醋酸呈酸性。醋酸在水溶液中不完全电离，是一元弱酸。

解离常数 K_a 描述了一定温度下弱电解质的解离能力。在相同温度和浓度下，解离度 α 的大小也可以表示弱电解质的相对强弱。K_a 随温度的变化而变化，但在一定温度下 K_a 是常数，不因浓度的改变而改变；而 α 不是常数，其大小会随浓度的改变而改变。

醋酸解离度和解离平衡常数的测定方法主要有 pH 计法、缓冲溶液法和电导率法。pH 计法是一种传统的测定方法，通过直接测定溶液的 pH 值，就可以得到氢离子的浓度，从而将 pH 与 α 和 K_a 联系起来，该方法原理简单，但要注意环境温度对 pH 测定的影响。缓冲溶液法是将 HAc 溶液分为体积相等的两部分，其中一部分 HAc 溶液用 NaOH 滴定到终点（此时 HAc 几乎完全转化为 Ac^-），再与另一部分 HAc 溶液混合，并测定该混合溶液（即缓冲溶液）的 pH 值，即可得到 HAc 的解离常数，该方法在测定时无需知道 HAc 和 NaOH 溶液的浓度。电导率法是通过测定不同浓度的 HAc 溶液的电导率计算摩尔电导率。当溶液无限稀释时，离子间的相互作用可忽略，可认为极限摩尔电导率是溶液中正、负离子单独的摩尔电导率的总和，在一定的温度下是一个固定值。对于弱电解质，根据该浓度摩尔电导率与极限摩尔电导率之比计算解离度，并进一步得到 HAc 溶液的解离常数。

本实验只介绍 pH 计法测定 HAc 溶液解离度和解离常数的原理和实验步骤。

【实验目标】

知识目标 了解 pH 计法测定醋酸解离度和解离常数的原理和方法。

技能目标 学习 pH 计的使用方法；熟悉滴定管、移液管的基本操作。

价值目标 一定条件下，化学平衡的各组分不随时间变化，此时体系各组分的浓度满足一定的关系，且为一常数，即平衡常数。人在一定条件下，不能两全其美，找到自己的平衡常数非常关键。

【实验原理】

醋酸 CH_3COOH 即 HAc，在水中是弱电解质，存在着解离平衡：

$$HAc(aq) + H_2O(l) \rightleftharpoons H_3O^+ + Ac^-(aq)$$

或简写为

$$HAc(aq) \rightleftharpoons H^+(aq) + Ac^-(aq)$$

其解离常数为

$$K_a = \frac{[c(H^+)/c^{\ominus}][c(Ac^-)/c^{\ominus}]}{[c(HAc)/c^{\ominus}]} \tag{1}$$

式中，K_a 为 HAc 的解离常数；$c(H^+)$，$c(Ac^-)$，$c(HAc)$ 分别为平衡时 H^+，Ac^-，HAc 的浓度。

若 HAc 的起始浓度为 c_0，其解离度为 α，则 $c(H^+)=c(Ac^-)=c_0\alpha$，代入式(1) 得

$$K_a=\frac{(c_0\alpha)^2}{(c_0-c_0\alpha)c^{\ominus}}=\frac{c_0\alpha^2}{(1-\alpha)c^{\ominus}} \tag{2}$$

某一弱电解质的解离常数 K_a 仅与温度有关，而与该弱电解质溶液的浓度无关；其解离度 α 则随溶液浓度的降低而增大。

在一定温度下，用 pH 计（又称为酸度计）测定一系列已知浓度的 HAc 溶液的 pH 值，根据 $pH=-\lg[c(H^+)/c^{\ominus}]$，可得 $c(H^+)$，而 $c(H^+)=c_0\alpha$，因此 HAc 的解离度 $\alpha=c(H^+)/c_0$。根据 HAc 的起始浓度 c_0 和解离度 α，即可求得某温度下 HAc 的解离常数 K_a。

【仪器与试剂】

仪器：pH 计（附玻璃电极、甘汞电极），酸式滴定管，碱式滴定管，锥形瓶，铁架台（含滴定管夹），洗耳球，移液管，洗瓶，玻璃棒，滤纸片，温度计（0～100℃），烧杯。

扫码看视频

试剂：0.1mol/L HAc，0.1mol/L NaOH 标准溶液（需提前标定，精确到小数点后 4 位），1%酚酞。

【实验步骤】

1. 醋酸溶液浓度的标定

(1) 用移液管吸取 25.00mL 0.1mol/L HAc 溶液于锥形瓶中，加入 2 滴酚酞溶液，摇匀。

(2) 将 0.1mol/L NaOH 标准溶液装入已洗净的碱式滴定管内，除气泡，调整液面位置，记下初读数 V_1，然后进行滴定，溶液由无色变为淡红色（30s 不褪色）即为终点，读取液面位置，记下末读数 V_2，计算 NaOH 溶液用量。再重复滴定两次。三次所用 NaOH 溶液的体积相差小于 0.05mL，将所有数据计入表 1 中。

2. 系列醋酸溶液的配制和 pH 值的测定

(1) 将上述已标定的 HAc 溶液装入酸式滴定管中，并从酸式滴定管中分别放出 3.00mL、6.00mL、12.00mL、24.00mL、48.00mL HAc 溶液于 5 只干燥的烧杯中。将去离子水装入滴定管中，分别向上述 5 只烧杯中加入 45.00mL、42.00mL、36.00mL、24.00mL、0.00mL 去离子水，使各烧杯中的溶液总体积均为 48.00mL，摇匀。

(2) 按上述所配制的系列醋酸溶液由稀到浓的顺序，用 pH 计分别测定各 HAc 溶液的 pH 值。记录实验时的室温，算出不同起始浓度 HAc 溶液的 α 值，再根据 HAc 的起始浓度 c_0 和解离度 α，求得某温度下 HAc 的解离常数 K_a，将测定值及计算值计入表 2 中。

【数据记录与处理】

表 1 HAc 溶液的标定

实验序号		1	2	3
$c(NaOH)/(mol/L)$				
$V(NaOH)/mL$	初读数 V_1			
	末读数 V_2			
	净用量(V_2-V_1)			
$V(HAc)/mL$				
$c(HAc)/(mol/L)$				
$c(HAc)_{平均}/(mol/L)$				

实验结果计算：

$$c(\mathrm{HAc})=c(\mathrm{NaOH})V(\mathrm{NaOH})/V(\mathrm{HAc})\text{（注意取平均值）}$$

表 2　HAc 溶液的 pH 值、解离度和解离常数的测定

实验序号		1	2	3	4	5
配制不同浓度的HAc溶液	$V(\mathrm{HAc})/\mathrm{mL}$	3.00	6.00	12.00	24.00	48.00
	V(水)/mL	45.00	42.00	36.00	24.00	0.00
$c_0(\mathrm{HAc})/(\mathrm{mol/L})$						
pH						
$c(\mathrm{H^+})/(\mathrm{mol/L})$						
解离度 α						
解离常数 K_a						
K_a 平均值						

实验结果计算：

$$\alpha=c(\mathrm{H^+})/c_0$$

$$K_a=\frac{(c_0\alpha)^2}{(c_0-c_0\alpha)c^\ominus}=\frac{c_0\alpha^2}{(1-\alpha)c^\ominus}$$

【注意事项和维护】

1. 滴定过程中要边滴边振荡，快到达终点时，要放慢滴定速度。

2. 半滴操作时一定要用洗瓶将挂在杯壁的药品冲洗到溶液中。

3. 酚酞作指示剂，可用白纸作背景便于观察无色变成淡粉色。

4. 从滴定管中放出溶液时，接近所要求的放出体积时，应逐滴滴放，以确保准确度和避免过量。

思考题

1. 为什么在配制不同浓度的 HAc 溶液时要使用干燥的烧杯？

2. 配制 HAc 溶液时，使用的去离子水的 pH 值不同，会不会对测定结果造成影响？为什么？

3. 使用酸度计测定不同浓度的 HAc 溶液时，为什么要按照从稀到浓的测定顺序？

实验 5　化学需氧量的测定

【实验引入】

“绿水青山就是金山银山”，随着我国生态文明建设的逐步推进，环保理念已经深入人心，人们对美好自然环境的追求越来越强烈。但你知道环境污染程度是怎么评价的吗？比如河水被污染后为什么会发臭？河里的鱼为什么会死掉？这都是因为水被有机物污染，有机物分解不仅消耗水里的氧气，还会产生臭味物质。污水中主要的有机物的来源如图1所示。所以检测水中有机物的含量对于预防和治理水源污染具有非常重要的意义。这里就需要我们用一个指标来衡量水被有机物污染的程度，那就是化学需氧量（Chemical Oxygen Demand，COD）。

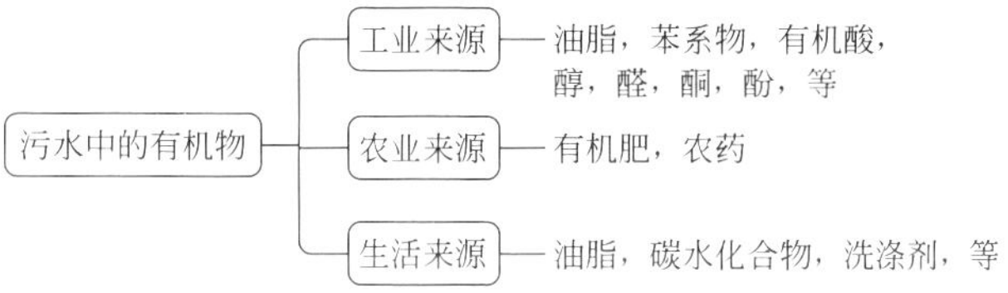

图1 污水中有机物的来源

化学需氧量是反映水体被有机及无机可氧化物质污染的常用指标。其定义为：在一定条件下，以化学方法测量水样中需要被氧化的还原性物质的量。一般以强氧化剂氧化水样中的某些有机物及无机还原性物质，由消耗的强氧化剂的量计算相当的氧量（以 O_2 mg/L 表示），故化学需氧量是表示水中还原性物质多少的一个指标。水中的还原性物质为有机物、亚硝酸盐、硫化物、亚铁盐等，其含量最高的为有机物。因此，化学需氧量（COD）可以作为衡量水中有机物质含量多少的指标。在河流污染和工业废水性质的研究以及废水处理厂的运行管理中，化学需氧量是一个重要的而且能较快测定的有机物污染参数。化学需氧量越大，说明水体受有机物的污染越严重。在化学需氧量（COD）的测定中，随着测定水样中还原性物质以及测定方法的不同，其测定值也有不同。应用最普遍的测定方法是酸性高锰酸钾法与重铬酸钾法。相比重铬酸钾（$K_2Cr_2O_7$）法，高锰酸钾（$KMnO_4$）法具有操作简便、成本低、废液处理简单的特点。以高锰酸钾溶液为氧化剂测得的化学需氧量也称为高锰酸盐指数。

【实验目标】

知识目标 了解环境分析的重要性及水中高锰酸盐指数与水体污染的关系。

技能目标 掌握高锰酸钾法测定水中高锰酸盐指数的原理和方法。

价值目标 掌握水体污染的测定方法，培养关爱环境、保护绿色家园的意识。

【实验原理】

测定时在水样中加入已知量的 $KMnO_4$ 和 H_2SO_4，加热至沸，准确反应一定时间（沸腾10min，或沸水浴30min），$KMnO_4$ 将水样中的某些有机物和无机还原性物质氧化，剩余的 $KMnO_4$ 通过加入过量的草酸钠（$Na_2C_2O_4$）标准溶液还原，再用 $KMnO_4$ 标准溶液回滴过量的草酸钠。具体反应式如下

$$4MnO_4^- + 5C + 12H^+ = 4Mn^{2+} + 5CO_2\uparrow + 6H_2O$$

$$2MnO_4^- + 5C_2O_4^{2-} + 16H^+ = 2Mn^{2+} + 10CO_2\uparrow + 8H_2O$$

通过计算得到水样中还原性有机物消耗的高锰酸钾的量，并将之转化为高锰酸盐指数。本方法适用于饮用水、水源水和地面水等较清洁水样的测定。

高锰酸盐指数（I_{Mn}）以每升样品消耗氧的质量来表示（mg/L），其计算式为

$$\frac{\left[\frac{5}{4}c_{MnO_4^-}(V_1+V_2)-\frac{1}{2}c_{C_2O_4^{2-}}V\right]\times 32.00\times 1000}{V_{水样}}$$

式中，V_1 为测试过程中所加入高锰酸钾溶液体积，mL；V_2 为滴定过程中消耗的高锰酸钾溶液体积，mL；V 为加入的草酸钠标准溶液体积，mL；$c_{MnO_4^-}$ 为高锰酸钾溶液的浓度，mol/L；$c_{C_2O_4^-}$ 为草酸钠溶液的浓度，mol/L；$V_{水样}$ 为所取水样的体积，mL。

扫码看视频

高锰酸盐指数是衡量水体受还原性物质（主要是有机物）污染程度的综合性指标。但它不能作为理论需氧量或总有机物含量的指标，因为在规定的条件下，许多有机物只能部分地被氧化，易挥发的有机物也不包含在测定值之内。

【仪器与试剂】

仪器：酸式滴定管，锥形瓶，酒精灯，石棉网，三脚架，10mL 移液管，100mL 移液管等。每人自备隔热手套或白色线手套一双。

试剂：1∶3 硫酸（在不断搅拌下，将 100mL 浓硫酸慢慢加到 300mL 水中），0.0100mol/L $Na_2C_2O_4$ 标准溶液，0.0020mol/L $KMnO_4$ 标准溶液。

【实验步骤】

1. $KMnO_4$ 标准溶液浓度的标定。准确移取 10.00mL 0.0100mol/L $Na_2C_2O_4$ 标准溶液置于锥形瓶中，加 15～20mL H_2O，加入 5mL 1∶3（体积比）硫酸，将溶液加热至 70～80℃，用 $KMnO_4$ 标准溶液滴定，刚开始反应速率较慢，当溶液中生成 Mn^{2+} 后反应速度加快。滴定到溶液出现微红色并保持 30s 不褪即为终点。计算 $KMnO_4$ 标准溶液的准确浓度，平行测定三次，并记入表 1。

2. 水样的高锰酸钾指数测定

（1）用移液管移取 100.00mL 水样置于 250mL 锥形瓶中，加入 10mL 1∶3（体积比）硫酸，准确加入 10.00mL 的 $KMnO_4$ 标准溶液（V_1），加热至沸。从冒第一个大泡开始计时，用小火准确煮沸 10min。

（2）取下锥形瓶，趁热加入 0.0100mol/L 的 $Na_2C_2O_4$ 标准溶液 10.00mL（V），溶液变为无色。立即用 0.0020mol/L $KMnO_4$ 标准溶液滴定至出现微红色并保持 30s 不褪即为终点。记录消耗的 $KMnO_4$ 标准溶液体积（V_2）。平行测定三次，并记入表 1。

【数据记录与处理】

表 1　实验数据记录

$KMnO_4$ 标准溶液浓度的标定					
序号	取样体积/mL	起点读数/mL	终点读数/mL	实耗体积/mL	浓度/(mol/L)
1					
2					
3					
COD 的测定					
序号	取样体积/mL	起点读数/mL	终点读数/mL	实耗体积/mL	COD/(mg/L)
1					
2					
3					

【注意事项和维护】

1. 实际测定时可采用空白试验校正误差：用 100.00mL 蒸馏水代替水样进行测定，计算时将空白值减去。

2. 测定要用分析纯试剂和蒸馏水或同等纯度的水，不能使用去离子水。必要时可制备不含还原性物质的水：将1L蒸馏水置于全玻璃蒸馏器中，加入10mL 1∶3硫酸和少量高锰酸钾溶液，蒸馏。弃去100mL初馏液，余下馏出液贮于具玻璃塞的细口瓶中。

3. 水样在采集后，应加入H_2SO_4控制其pH值小于2，以抑制微生物繁殖。采样后要尽快分析，必要时可在0～5℃保存，应在48h内测定。吸取水样的量可根据外观初步判断：洁净透明的水样取100.00mL；污染严重、混浊的水样取10～30mL，补加蒸馏水至100.00mL。

4. 在煮沸加入$KMnO_4$的水样过程中特别需要注意安全，溶液很容易发生暴沸，要时刻注意，当溶液快沸腾时应立即停下来，待温度下降后再继续加热。

思考题

1. 水样加入$KMnO_4$煮沸后，若紫红色消失说明什么？应采取什么措施？
2. 该方法能否将水中有机物全部测出？如果不能，为什么？
3. 滴定时水样温度过高，会影响结果吗？为什么？

实验6 摩尔气体常数的测定

【实验引入】

摩尔气体常数R是一个重要的物理常数，许多物理量，如理想气体的定容摩尔热容C_V、定压摩尔热容C_p、气体分子的最概然速率、平均速率、方均根速率等，都与R有关。由R可以求出其他一些热力学常数，如玻尔兹曼常数等。迄今为止，玻尔兹曼常数的直接测量值不如从R换算的计算值准确，因此准确地测定摩尔气体常数对热力学具有非常重要的意义。

摩尔气体常数最初的测定方法是采用有限密度法。其原理是在恒温条件下，测量一系列不同温度、压力下的气体密度，再外推到零压力（无限体积）的情况，求得理想气体的摩尔体积，然后再代入理想气体状态方程来计算摩尔气体常数。该方法原理简单，但是要想达到精确测量非常困难，因为气体的可压缩性、压力的测定、气体的纯度等因素都会使结果产生误差。1973年，应用有限密度测定方法，国际推荐的R值为8.31441J/(mol·K)，其不确定度为$3.1\times10^{-4}\%$，已接近这一方法的极限。

第二代测量摩尔气体常数的方法是声学干涉法，利用声学干涉仪测定声速，然后来计算摩尔气体常数。1986年英国国家物理实验室小组测定的R值为8.314510J/(mol·K)，其不确定度为$8.4\times10^{-5}\%$，虽极大地提高了测量精度，但与其他基本物理量常数大多已经进入不确定度低于$1.0\times10^{-5}\%$的情况相比，摩尔气体常数的测定仍然处于落后的地位。再后来，科学家们利用充气球形共振器测定方法，开辟了第三代测量摩尔气体常数的方法。在周密考虑各种误差来源的基础上，第三代球形共振法也采用从一系列不同压力的实验数据外推零压力的结果，最后从大量实验数据综合得到的摩尔气体常数为 8.314471J/(mol·K)，其不确定度为 $1.7\times10^{-5}\%$，已接近 $1.0\times10^{-5}\%$。

本实验是根据理想气体状态方程，测定一定温度、压力下气体的体积，从而求出 R。但由于实验条件不是理想状态，必定存在误差。实验者可将实验值与前述几个不同时期测定的摩尔气体常数值进行比较，从而体会科学求真的艰难性。

【实验目标】

知识目标 熟悉分压定律与气体状态方程的应用，了解测定摩尔气体常数的原理和方法。

技能目标 学习分析天平及量气管的使用，熟悉测量气体体积的操作。

价值目标 培养学生细致的观察力、科学思维能力，体会科学求真的艰难性。

【实验原理】

理想气体状态方程的表达式为

$$pV=nRT=\frac{m}{M_r}RT \tag{1}$$

式中，p 为气体的压力或分压，Pa；V 为气体体积，m^3；n 为气体的物质的量，mol；m 为气体的质量，g；M_r 为气体的摩尔质量，g/mol；T 为气体的温度，K；R 为摩尔气体常数，8.314Pa·m^3/(mol·K) 或 J/(mol·K)。可以看出，只要测定一定温度下给定气体的体积 V、压力 p 与气体的物质的量 n 或质量 m，即可求得 R 的数值。

本实验利用金属 Mg 与稀硫酸置换出氢气的反应，求取 R 值，其反应方程式如下

$$Mg(s)+H_2SO_4 = MgSO_4+H_2(g)$$

将已精确称量的一定量镁与过量稀硫酸反应，用排水集气法收集氢气。氢气的物质的量可根据式(2) 由金属镁的质量求得

$$n_{H_2}=\frac{m_{H_2}}{M_{H_2}}=\frac{m_{Mg}}{M_{Mg}} \tag{2}$$

由量气管可测出在实验温度与大气压力下，反应所产生的氢气体积。由于量气管内所收集的氢气是被水蒸气所饱和的，根据分压定律，氢气的分压 p_{H_2}，应是混合气体的总压 p（以 100kPa 计）与水蒸气分压 p_{H_2O} 之差，即

$$p_{H_2}=p-p_{H_2O} \tag{3}$$

将所测得的各项数据代入式(1) 即可求出 R

$$R=\frac{p_{H_2}V}{n_{H_2}T}=\frac{(p-p_{H_2O})V}{n_{H_2}T}$$

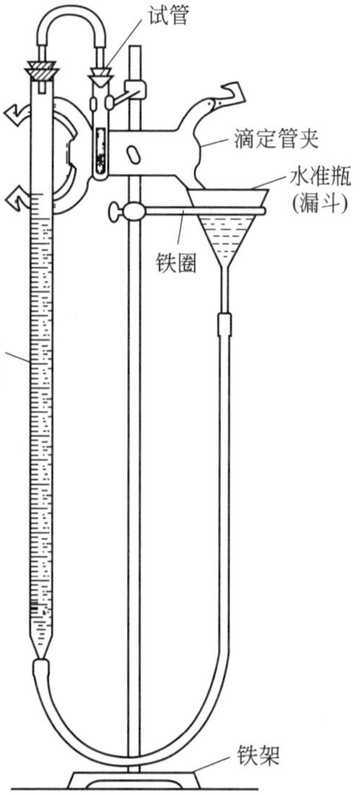

图 1 摩尔气体常数测定装置

【仪器与试剂】

仪器：测定摩尔气体常数的装置（如图 1 所示，装置包含量气管、水准瓶、试管、滴定管夹、铁架、铁圈、橡皮塞、橡皮管、玻璃导气管等），分析天平，称量纸（蜡光纸或硫酸纸），量筒（10mL），漏斗，温度计，砂纸，气压计（公用）等。

试剂：H_2SO_4（3mol/L），镁条（纯）。

【实验步骤】

1. 镁条称量。在分析天平上称取 0.0300～0.0400g（精确至 0.0001g）镁条两份。注意，在称量之前先用砂纸擦去镁条表面氧化膜。

2. 仪器的安装和检查。按图 1 搭建反应装置。注意应将铁圈装在滴定管夹的下方，以便可以自由移动水准瓶（漏斗）。打开量气管的橡皮塞，从水准瓶注入自来水，使量气管内液面略低于刻度“0”。上下移动水准瓶，以赶尽附着于橡皮管和量气管内壁的气泡，然后塞紧量气管的橡皮塞。

为了准确量取反应中产生的氢气体积，整个装置不可漏气。检查漏气的方法如下：塞紧装置中连接处的橡皮管，然后将水准瓶（漏斗）向下（或向上）移动一段距离，使水准瓶内液面低于（或高于）量气管内液面。若水准瓶位置固定后，量气管内液面仍不断下降（或上升），表示装置漏气，则应检查各连接处是否严密（注意橡皮塞及导气管间连接是否紧密）。务必使装置不再漏气，然后将水准瓶放回检漏前的位置。

3. 金属与稀酸反应前的准备。取下反应用试管，用胶头滴管向试管底部加入 4～5mL 3mol/L H_2SO_4 溶液（注意不能让酸液沾在试管壁上）。稍稍倾斜试管，将已称好质量的镁条按压平整后蘸少许水贴在试管壁上部，如图 2 所示，确保镁条不与硫酸接触，然后小心固定试管，塞紧（旋转）橡皮塞（动作要轻缓，谨防镁条落入稀酸溶液中）。

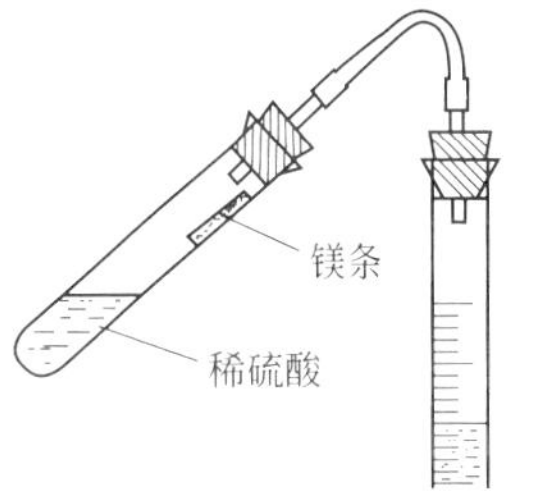

图 2 镁条与硫酸反应前准备

再次检查装置是否漏气（方法同上）。若不漏气，可调整水准瓶位置，使其液面与量气管内液面保持在同一水平面，然后读出量气管内液面的弯月面最低点读数。要求读准至±0.01mL，并记下读数（为使液面读数尽量准确，可移动铁圈位置，设法使水准瓶与量气管位置尽量靠近）。

4. 氢气的发生、收集和体积的量度。松开铁夹，稍稍抬高试管底部，使稀硫酸与镁条接触（切勿使酸碰到橡皮塞）；待镁条落入稀硫酸溶液后，再将试管恢复原位。此时反应产生的氢气会使量气管内液面开始下降。为了不使量气管内因气压增大而引起漏气，在液面下降的同时应慢慢向下移动水准瓶，使水准瓶内液面随量气管内液面一起下降，直至反应结束，量气管内液面停止下降，可将水准瓶固定。

待反应试管冷却至室温，再次移动水准瓶，使其与量气管的液面处于同一水平面，读出并记录量气管内液面的位置。每隔 2～3min，再读数一次，直到读数不变为止。记下最后的液面读数及此时的室温和大气压力。查出相应室温时水的饱和蒸气压。

打开试管口的橡皮塞，弃去试管内的溶液，洗净试管，并取另一份镁条重复进行一次实验。记录实验结果。

【数据记录与处理】

1. 计算并求出 R。实验数据的记录与处理见表 1。

表 1 实验数据记录表

实验编号	1	2
镁条质量 m_{Mg}/g		
反应前量气管内液面的读数 V_1/mL		
反应后量气管内液面的读数 V_2/mL		

续表

实验编号	1	2
反应置换出 H_2 的体积 $V=(V_2-V_1)\times10^{-6}/m^3$		
室温 T/K		
大气压力 p/Pa		
室温时水的饱和蒸气压 p_{H_2O}/Pa		
氢气的分压 $p_{H_2}=p-p_{H_2O}$/Pa		
氢气的物质的量 $n_{H_2}=\dfrac{m_{Mg}}{M_{Mg}}$/mol		
摩尔气体常数 $R=\dfrac{p_{H_2}V}{n_{H_2}T}$/[Pa·m³/(mol·K)]		
R 的实验平均值$=\dfrac{R_1+R_2}{2}$/[J·/(mol·K)]		

2. 计算误差并讨论造成误差的主要原因。

$$相对误差(Re)=\frac{R_{实验值}-R_{文献值}}{R_{文献值}}\times100\%$$

【注意事项和维护】

1. 将铁圈装在滴定管夹的下方，以便可以自由移动水准瓶（漏斗）。
2. 橡皮塞与试管和量气管口要先试试合适后再塞紧，不能硬塞，防止管口破裂。
3. 从水准瓶注入自来水，使量气管内液面略低于刻度“0”。
4. 橡皮管内气泡排净标志：橡皮管内透明度均匀，无浅色块状部分。
5. 试管和量气管间的橡皮管勿弯折，保证通畅后再检查漏气或进行反应。
6. 装 H_2SO_4 时不能让酸液沾在试管壁上。
7. 镁条应先按压平整后蘸少许水贴在试管壁上部，反应前，应确保镁条不与硫酸接触，然后再小心固定试管，塞紧（旋转）橡皮塞，谨防镁条落入稀酸溶液中。
8. 检查装置不漏气后再反应（切勿使酸碰到橡皮塞）。
9. 调整量气瓶和水准瓶，使两液面处于同一水平面，冷至室温后再读数。

思考题

1. 本实验中置换出的氢气的体积是如何量度的？为什么读数时必须使水准瓶内液面与量气管内液面保持在同一水平面？
2. 量气管内气体的体积是否等于置换出氢气的体积？量气管内气体的压力是否等于氢气的压力？为什么？
3. 镁条与硫酸作用完毕后，为什么要等试管冷却至室温才可以读数？
4. 本实验产生误差的原因有哪些？

实验7 简单蒸馏和折射率的测定

【实验引入】

在酿酒时，随着乙醇含量的增高，酵母菌的活动受到抑制，一般乙醇含量大约为10%时，发酵就基本停止了。古时为了增加酒中的乙醇含量，在酒中加米再酿，所以有“三重酎”，即投米三次；“九酝酒”即投米九次。但无论如何，终不能把酒做得极醇烈。直到“蒸馏法”的发现，这个难题才被攻破。

蒸馏是一种热力学的分离工艺，它利用混合液体或液-固体系中各组分沸点不同，使低沸点组分蒸发，再冷凝以分离混合体系中单一组分。早在古希腊时代，人们就发现了蒸馏法，亚里士多德曾经写道：“通过蒸馏，先使水变成蒸汽继而使之变成液体状，可使海水变成可饮用水”。古埃及人曾用蒸馏技术制造香料。据多次考古发现，早在公元2世纪左右的汉代，中国已掌握了蒸馏技术。出土的商代、汉代及唐代蒸馏器既可以用来蒸馏酒，也可以用于提取花露或蒸取某种药物的有效成分。

蒸馏是蒸发和冷凝两种单元操作的联合。与其他的分离手段，如萃取、过滤、结晶等相比，它的优点在于不需使用系统组分以外的其他溶剂，从而保证不会引入新的杂质。蒸馏可分为以下几类：按方式分为简单蒸馏、平衡蒸馏、精馏、特殊精馏；按操作压强分为常压、加压、减压；按混合物中组分分为双组分蒸馏、多组分蒸馏；按操作方式分为间歇蒸馏、连续蒸馏。

本实验将带领同学们学习最常用的简单蒸馏操作技术。

【实验目标】

知识目标 掌握用蒸馏法分离和纯化液体物质的原理、操作和用途。

技能目标 学会用常量法测定液体物质的沸点。

价值目标 做事情如蒸馏，应该不温不火、不急不躁，才能得到最好结果。

【实验原理】

1. 蒸馏。当液体被加热时，有大量的蒸汽产生，当液体内部饱和蒸气压与外界施加给液体表面的总压力（通常为一个大气压力）相等时液体开始沸腾，此时的温度为该液体化合物的沸点。不同的化合物由于内部饱和蒸气压达到一个大气压时的温度不同，因此沸点不同。蒸馏就是利用这个特点将液体混合物加热至沸腾，使液体汽化。由于混合物中各组分的沸点不同，因此，在低沸点时蒸汽的组成以低沸点化合物为主，在相对较高沸点时蒸汽的组成以高沸点化合物为主。通过冷凝的方法收集不同沸点时的蒸汽，可以将混合物完全分离成单一组分。

分馏是利用分馏柱将多次汽化-冷凝过程在一次操作中完成的方法。因此，分馏实际上是多次蒸馏。利用分馏装置经过反复多次的蒸馏又可以将沸点相差很小的混合物分离。利用减压蒸馏的方法又可以降低外界施加给液体表面的压力，从而使化合物的沸点降低。简单地说，蒸馏就是将液体混合物加热至沸腾，使液体汽化（这一过程简称“蒸”），再让蒸汽通过冷凝的方法变为液体（这一过程简称“馏”），通过收集不同沸点下的蒸汽冷凝液，使液体混合物分离，从而达到提纯的目的。

纯净物的沸点是一定的。然而，化合物本身不纯使化合物沸点在一定范围内波动，将这种沸点波动的范围叫作沸程。通常沸程只有 1～2℃，沸程的长短与化合物的纯度有关，沸程越长化合物的纯度就越低。

在压力一定时，凡是纯净的化合物，必定有固定沸点。因此，一般可以利用测定化合物的沸点来鉴别该化合物是否纯净。但是，具有固定沸点的液体不一定 都是纯净的化合物。因为有时两种和两种以上的物质会形成共沸混合物。共沸物的液相组成与气相组成相同。因此，在同一沸点下，其组成一样，用简单蒸馏的方法是不能将这种混合物分开的。

当液体中溶入其他物质时，无论这种溶质是固体、液体还是气体，亦无论其挥发性大小，溶剂的蒸气压总是降低，因而形成的溶液的沸点会有变化。在蒸馏时，实际测量的不是溶液的沸点，而是馏出液的沸点，即馏出液汽液平衡时的温度。馏出液越纯，该温度值越接近纯物质的沸点值。蒸馏过程一般分为三个阶段，其馏出物分别被称为：

馏头。在达到欲收集物的沸点之前，常有沸点较低的液体流出，这部分馏出液称为馏头或前馏分。

馏分。馏头蒸完之后，温度稳定在沸程范围内，这时即流出欲收集之物，即为馏分。

馏尾。馏分蒸出后温度开始上升所馏出的液体称为馏尾。

蒸馏是分离和提纯液态有机化合物常用的重要方法之一，还可以用来测定物质的沸点和定性地检验物质的纯度。一般来说，在合成完成后，先用简单蒸馏将低沸点的溶剂去除，然后再用其他方法进一步将化合物提纯。简单蒸馏只能用来蒸馏分离沸点相差 30℃以上的液体化合物，若温度相差再小，就必须使用分馏装置。

沸点的测定方法——常量法，就是利用蒸馏的方法来测定液体的沸点。装置如图 1 所示。

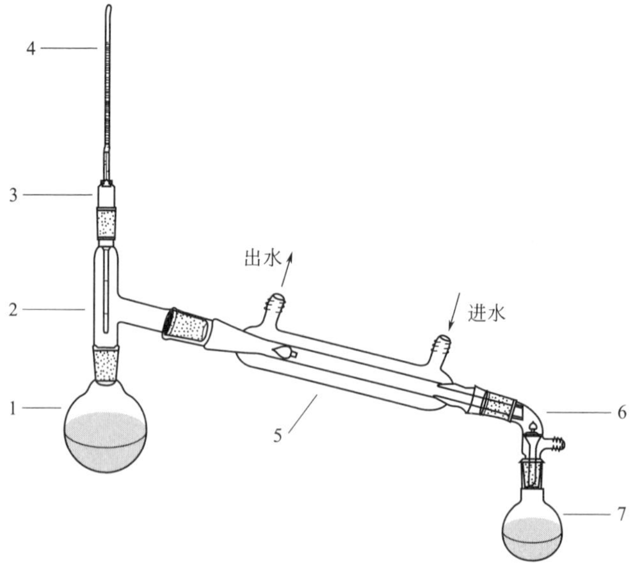

图 1　简单蒸馏装置示意图

1—蒸馏瓶；2—蒸馏头；3—温度计导管；4—温度计；

5—直形冷凝管；6—尾接管；7—接收瓶

2. 折射率。折射率 n 是液体化合物的一个重要物理常数。固体、液体和气体都有折射率，不同的物质的折射率各不同，因此折射率可以作为鉴定有机物的纯度标准之一，也常作为检验原料溶剂中间体和最终产物的纯度及鉴定未知样品的依据。光在两种不同的介质中的传播速度是不同的。根据Snell定律，光从介质A（空气）进入另一种介质B时（如图2），入射角 α 与折射角 β 的正弦之比与两种介质的折射率之比 N/n 成反比：$\sin\alpha/\sin\beta=n/N$。

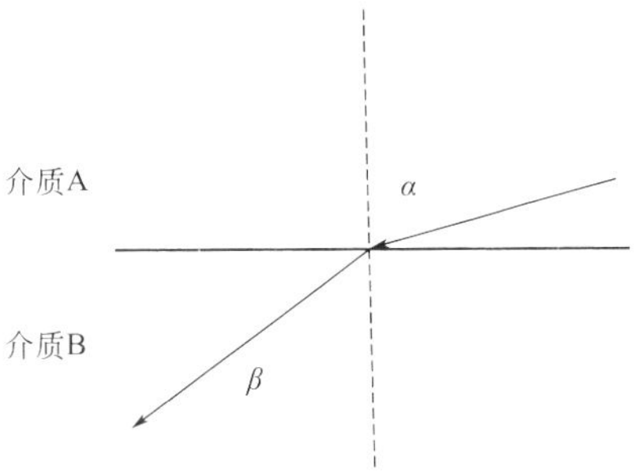

图2　光的折射

当介质A为真空时，$N=1$（真空的绝对折射率为1），介质B的折射率 n 为

$$n=\sin\alpha/\sin\beta$$

若介质A为空气时，$N=1.00027$（空气的绝对折射率为1.00027），则有

$$\sin\alpha/\sin\beta=n/1.00027$$

由于空气的绝对折射率1.00027与真空的绝对折射率1相差很小，常常用真空的绝对折射率代替空气的绝对折射率，但在精密测定时，应加以校正。

物质的折射率不但与它的结构和光线波长有关，而且也受压力等因素的影响，所以表示折射率时须注明所用的光线和测定时的温度，通常用20℃时，以钠光灯发出的波长为589.3nm的黄光即所谓的“钠D线”为入射光所测得的折射率，记作：$n_D^{20}=1.4592$。式中，n 代表物质的折射率，n 的上角标20指的是测定时的温度，下角标则标明使用钠灯的D线（589.3nm）光作光源进行测定的。压力的变化并不显著影响折射率，一般不考虑大气压的变化，所以在一般测定中都不作考虑。

温度对折射率影响很大，一般当温度升高1℃时，液体有机物的折射率就减少 $3.5\times10^{-4}\sim5.5\times10^{-4}$，为了便于计算，一般采用 4×10^{-4} 为其温度变化常数。在读取折射率时必须同时读取温度值（即测定的室温），然后进行折射率的修正。为了检验已知样品的纯度，应将实测值进行校正，以便同文献值对照。在严格的测定中，折光仪应与恒温槽相连。

$$n_D^T=n_D^t+4\times10^{-4}$$

式中，T 为规定温度，℃；t 为实验温度，℃。

当光由介质A进入介质B时，如果介质A对介质B是光疏物质，即 $n_A<n_B$，则折射角 β 必小于入射角 α，当入射角 α 为90°，$\sin\alpha=1$，这时折射角 β 达到最大值，称为临界角，用 β_0 表示。

很明显，在一定波长与一定条件下，β_0 是常数，它与折射率的关系是：$n=1/\sin\beta_0$，这样通过测定临界角 β_0 就可以得到折射率，这就是阿贝折光仪的基本光学原理。阿贝折光仪结构如图3所示。

为了测定临界角 β_0 值，这种仪器采用“半明半暗”的方法，就是让单色光由0～90°的所有角度从介质A射入介质B，这时介质B中的临界角以内的整个区域有光线通过，因而是光亮的，而临界角以外的全部区域没有光线通过，因而是暗的，明暗两区域十分清楚，如果在介质B的上方用目镜观测，就可见到一个界限十分清晰的半明半暗的图像。

阿贝折光仪的标尺上所刻的读数是换算后的折射率，可直接读数，不需换算。同时阿贝折光仪有消色散装置，故可直接使用日光，其测得的数值与钠光所测一样，这是阿贝折光仪的优点。

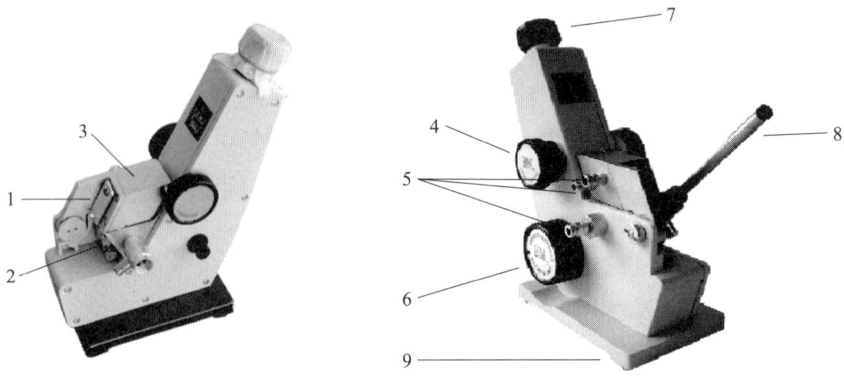

图 3 WA-J 阿贝折光仪结构图

1—遮光板；2—反射镜；3—进光棱镜；4—色散调节手轮；5—恒温器接头；6—折射率刻度调节手轮；7—目镜；8—温度计；9—底座

【仪器与试剂】

仪器：电热套，圆底烧瓶，蒸馏头，温度计套管，温度计，直形冷凝管，尾接管，铁架台，铁夹，长颈漏斗，折光仪，恒温槽。

试剂：工业乙醇，无水乙醇，丙酮。

【实验步骤】

1. 工业乙醇蒸馏

(1) 搭好常压蒸馏装置 规则：从下到上，从左到右，装置横平竖直（直形冷凝管有一定的倾斜）。

(2) 加料 做任何实验都应该先组装仪器后再加原料。取下温度计和温度计套管，在蒸馏头处放一长颈漏斗，注意长颈漏斗下口处的斜面应超过蒸馏头支管，用量筒量取工业乙醇 40mL（即为 V_0），慢慢将待蒸工业乙醇倒入 100mL 的圆底烧瓶中。液体不要超过圆底烧瓶的 2/3，也不要少于 1/3。

(3) 加沸石 为防止液体暴沸，再加入 2～3 粒沸石。分馏和回流时都应加沸石。

(4) 加热 在加热前，应检查仪器装配是否正确，原料、沸石是否加好，冷凝水是否通入，一切无误再开始加热。开始加热时，电压可以调的略高一些，一旦液体沸腾，水银球部位出现液滴时，开始控制调压器电压，以蒸馏速度每秒 1～2 滴为宜。蒸馏时，温度计水银球上应始终保持有液滴存在。如果没有液滴说明可能有两种情况：一是温度低于沸点，体系内汽-液相没有达到平衡，此时，应将电压调高；二是温度过高，出现过热现象，此时，温度已超过沸点，应将电压调低。

(5) 馏分收集 收集馏分时，应取下接收馏头的容器，换一个经过称量干燥的容器来接收馏分，即产物。当温度超过沸程范围，停止接收，用小量筒测量馏分的体积 V_1。沸程越小，蒸出的物质越纯。[蒸馏结束后要求量取体积，计算馏出率=$(V_1/V_0)\times100\%$]，数据记入表 1。

(6) 常量法测沸点 在接收馏分的过程中，当温度恒定时，这时温度计的读数就是该产物的沸点。

2. 折射率的测定

(1) 校正折光仪 连接折光仪与恒温槽，恒温后，分开棱镜，用丙酮或95%乙醇洗净上下镜面。待挥发后，滴加蒸馏水于下镜面上，关闭棱镜，调节反光镜，使视场明亮，调节刻度调节手轮，观察到有界线或出现彩色光带，转动色散调节手轮，使视场明暗界线清晰。再转动刻度调节手轮，使"×"的交点恰好通过明暗分界线。记录读数和温度。重复两次，取其平均值与纯水的标准值（$n_D^{20}=1.33299$）对比，求出折光仪的校正值。

(2) 测定无水乙醇和馏分的折射率 用丙酮或95%乙醇洗净折光仪上下镜面，待挥发后，滴加无水乙醇于下镜面上，关闭棱镜，重复步骤（1）操作。调节刻度手轮，调节色散手轮，使明暗界线清晰，再转动刻度调节手轮，使"×"的交点恰好通过明暗分界线。记录此时无水乙醇折射率。重复上述步骤，记录馏分的折射率。

【数据记录与处理】

表1 实验数据记录

实验项目	数据记录项	
简单蒸馏	工业乙醇体积 V_0/mL	
	馏分的体积 V_1/mL	
	馏出率 $\frac{V_1}{V_0}\times100\%$	
折射率的测定	蒸馏水折射率 $n_{蒸馏水}$	
	无水乙醇折射率 $n_{无水乙醇}$	
	馏分折射率 $n_{馏分}$	

【注意事项和维护】

1. 蒸馏装置的搭装从下至上，从左至右；装置的拆卸，正好相反。

2. 仪器搭好后，加热之前必须检查装置的气密性。

3. 温度计的位置：温度计水银球的上限与蒸馏头支管的下限相切。

4. 冷却水的正确连接方式为下进上出。

5. 蒸馏时切记不要忘记加沸石，另外实验结束后将烧瓶中的沸石倒入垃圾桶内，禁止倒入水槽，以免堵塞。

6. 选择仪器大小的标准：样品总体积不得超过烧瓶体积的2/3。

7. 蒸馏速度应控制在1～2滴/s，分馏速度应控制在2～3滴/s。

8. 阿贝折光仪的量程为1.3000～1.7000，精密度为±0.0001；测量时应注意保温套温度是否正确。

9. 折光仪的棱镜必须注意保护，不能在镜面上造成刻痕。滴加液体时，滴管的末端切勿触及棱镜。

10. 在每次滴加样品前应洗净镜面；在使用完毕后，也应用丙酮或95%乙醇洗净镜面，待晾干后再闭上棱镜。

11. 对棱镜玻璃、保温套金属及其间的胶黏剂有腐蚀或溶解作用的液体，均应避免使用。

12. 折光仪在使用或贮藏时，均不应曝于日光中，不用时应用黑布罩住。

思考题

1. 蒸馏时，加入沸石的作用是什么？如蒸馏前忘加沸石，能否立即将沸石加至接近沸腾的液体中？当重新进行蒸馏时，用过的沸石能否继续使用？

2. 蒸馏时为什么蒸馏瓶所盛液体的量不应超过容积的2/3，也不应少于1/3？

3. 如果液体有恒定的沸点，能否认为它是单一物质？

4. 比较无水乙醇、馏分、蒸馏水的折射率，说明什么问题？能否采用简单蒸馏获得无水乙醇？

实验8　毛细管法测定有机物质熔点、沸点

【实验引入】

在现实生活中，大部分的物质中都是含有其他物质的，比如在纯净的液态物质中溶有少量其他物质，或称为杂质，即使数量很少，物质的熔点也会发生很大的变化，例如水中溶有盐，水的熔点就会明显下降，海水就是溶有盐的水，海水冬天结冰的温度比河水低，就是这个原因。饱和食盐水的熔点可下降到约－22℃，北方的城市在冬天下大雪时，常常往公路的积雪上撒盐，只要这时的温度高于－22℃，足够的盐总可以使冰雪融化，这也是熔点降低在日常生活中的应用。

熔点是物质固有的重要理化参数，是在一定压力下，纯物质的固态和液态呈平衡时的特征温度。在有机化学工业中，熔点的测量是分析物质特性的基本手段，是一种纯度检测技术。固体物质熔点的测定在医药化工工业等产业中占有极其重要的位置，很多时候都需测定原辅料的熔点，从而确保原料质量符合要求。特别是在药物生产过程中，熔点是能够反映药物分子结构特性和药物纯度的物理常数，不仅可以鉴别药物，而且是判断药物纯度的重要依据。熔点是化合物最可靠的物理性质之一，可以利用它进行早期的药物开发。

目前来看，熔点测定装置主要有毛细管熔点测定仪、显微熔点测定仪、数字熔点测定仪、微机型熔点测定仪和激光熔点测定仪等五大类仪器，它们的测量方法各有利弊。而毛细管法测定固体有机物的熔点兼具仪器设备简单、样品用量少、操作简单方便等优点，本实验将带领同学们一起来学习毛细管法测定有机化合物的熔、沸点操作。

【实验目标】

知识目标　掌握毛细管法测定有机化合物熔点和沸点的操作方法。

技能目标　了解熔点测定和沸点测定的意义。

价值目标　培养学生细致的观察力和独立动手能力。

【实验原理】

1. 熔点。熔点是指固体有机化合物固液两态在大气压力下达成平衡时的温度，纯净的

固体有机化合物一般都有固定的熔点。

熔距是指被加热的纯固体化合物从始熔至全熔（称熔程）的温度变化范围，一般不超过0.5～1℃。

测定方法：毛细管熔点法。

2. 沸点。加热液体，当液体的饱和蒸气压增大到与外界施于液面的总压力（通常是大气压力）相等时，就有大量气泡从液态内部逸出（称沸腾），此时的温度是液态的沸点。

在一定压力下，凡纯净化合物，必有一固定沸点。

测定方法：微量法。

【仪器与试剂】

仪器：毛细管，b形管，温度计，酒精灯，铁架台，玻璃管，表面皿。

试剂：萘，乙醇。

【实验步骤】

1. 熔点的测定

（1）熔点管、沸点管的制备　将毛细管截取合适的长度，将一端在火焰上封口即可。

（2）样品的填装　将毛细管的一端封口，把待测物（本实验为萘）研成粉末，将毛细管未封口的一端插入粉末中（如图1所示），使粉末进入毛细管，再将其开口向上从大玻璃管（注意在特定的玻璃管中装样）中滑落，使粉末进入毛细管的底部。重复以上操作，直至有2～3mm（千万要掌握好装样长度）粉末紧密装于毛细管底部，将管外样品粉末擦干净。样品要研细、装实，否则不易传热，影响测定结果。

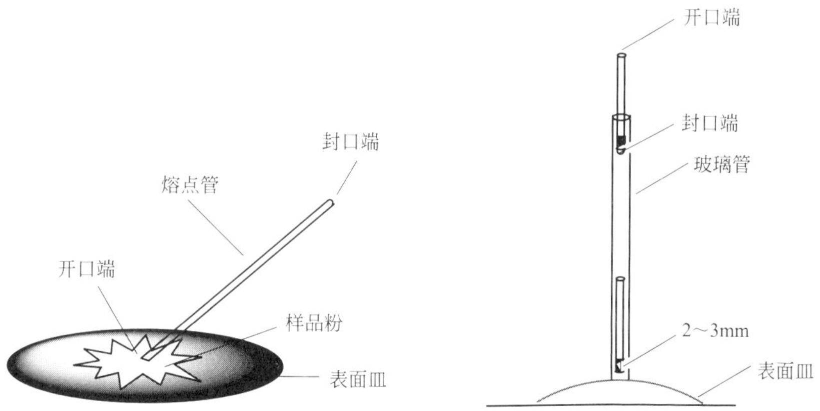

图1　样品填装示意图

（3）仪器的安装　将b形管夹在铁架台上，装入浴液，使液面高度达到b形管上侧管时即可。用橡皮圈将毛细管紧附在温度计上，样品部分应靠在温度计水银球的中部。温度计水银球恰好在b形管的两侧管中部为宜。橡皮圈不要触及浴液。（如图2所示）

（4）测定熔点

① 粗测。慢慢加热b形管的支管连接处，使温度每分钟上升约5℃。观察并记录样品开始熔化时的温度，此为样品的粗测熔点，作为精测的参考。

② 精测。待浴液温度下降到30℃左右时，将温度计取出，换另一根熔点管，进行精测。开始升温可稍快，当温度升至离粗测熔点约10℃时，控制火焰使每分钟升温不超过1℃。当

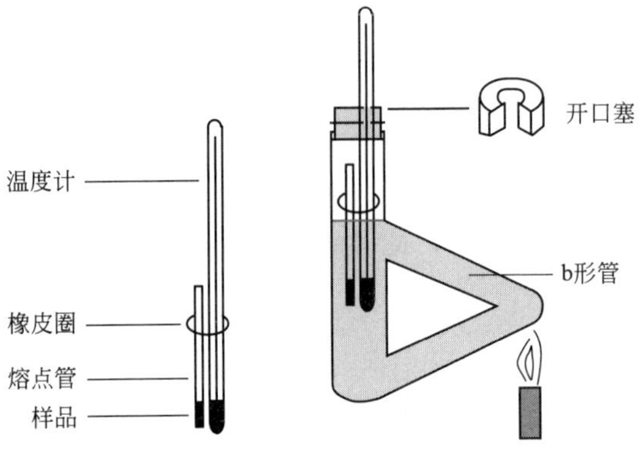

图 2　熔点测定装置图

熔点管中的样品开始塌落、湿润，出现小液滴时，表明样品开始熔化，记录此时温度即样品的始熔温度。继续加热，至固体全部消失变为透明液体时再记录温度，此即样品的全熔温度。样品的熔点表示为：$T_{始熔}\sim T_{全熔}$。数据记录表 1 中。

2. 沸点的测定。滴加待测样（本实验为乙醇）于沸点外管中，液柱高约为 1cm，向沸点管中放入沸点内管（开口端向下），然后用橡皮圈将其紧贴温度计旁（如图 3）。将浴液（本实验为水）慢慢加热，使温度均匀上升，当毛细管中气泡呈一连串逸出时，立即停止加热，让热浴慢慢冷却，气泡逸出速度也渐渐减慢；当气泡停止逸出，液体开始进入毛细管时，即最后一个气泡刚欲缩回至毛细管内时，记录下此刻的温度，即为该样品的沸点。

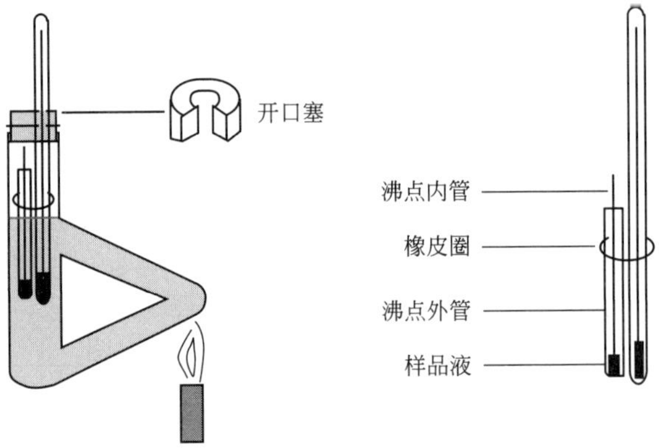

图 3　沸点测定装置图

【数据记录与处理】

表 1　萘的熔点测定数据记录

试剂	序号	粗测熔点/℃	始熔温度 $T_{始熔}$/℃	全熔温度 $T_{全熔}$/℃
萘	1			
	2			

乙醇沸点：________℃。

【注意事项和维护】

1. 熔点管，沸点内、外管在做实验前要检查是否封好。
2. 样品的填装必须紧密结实。
3. 浴液不能过满，防止膨胀时进入待测物。
4. 控制升温速度。
5. 测沸点时要慢慢加热。
6. 测沸点时液体不能太少，防止汽化。
7. 开始加热时，将 b 形管外水迹擦干，加热要缓慢，以使热量传导均匀。

思考题

1. 为什么可以采用熔点法测定有机化合物的纯度?
2. 熔点测定安装装置时及测定熔点时的注意事项是什么?
3. 与熔点测定装置相比较，沸点测定的装置有什么不同?
4. 怎样判断样品的沸点?

实验9　溶解热的测定

【实验引入】

在中学化学中我们都知道稀释硫酸时会强烈地放热，只能把浓硫酸缓慢地倒入水里而不能把水倒入浓硫酸中。显而易见，不论是把硫酸和水以何种方式混合，其所放出的热量是完全相同的，为什么把水倒入浓硫酸会发生暴沸现象呢？一方面由于水的密度远比浓硫酸小，若将水加入浓硫酸中，水将浮在上面而形成两个液层，浓硫酸只在两个液层接触处混溶放出大量热，另一方面硫酸的比热容低［平均为0.4K/(g·℃)］，因而造成强烈的局部高温，致使水局部骤然猛烈汽化，造成喷溅。当把浓硫酸加入水中时，由于浓硫酸的密度很大，能迅速穿过水层，不断和水混溶，又由于水的比热很高，故所产生的热量不致引起剧烈的局部高温。

其实，每一种物质溶解于溶剂中都会产生放热或吸热的热效应，这个热效应就是溶解热。例如，稀释硫酸时会强烈地发热，这是由于硫酸有很大的放热溶解热。常见的溶于水会放热的物质除了硫酸外，还有氢氧化钠固体（NaOH）、氧化钠（Na_2O）、氧化钙（CaO）等。而有些物质溶解后会大量吸热，例如硝酸铵（NH_4NO_3）、氯化铵（NH_4Cl）等。在化工生产中溶解热是化工过程能耗分析不可缺少的数据。溶解热可用系统溶解前后的焓变 ΔH 表示，其基本数据是通过实验测定的。本实验将介绍无机盐氯化钾溶解热的测定。

【实验目标】

知识目标　了解电热补偿法测定热效应的基本原理；掌握电热补偿法的仪器使用方法。

技能目标　通过电热补偿法测定氯化钾在水中的积分溶解热，并用作图法求出氯化钾在水中的微分稀释热、积分稀释热和微分溶解热。

价值目标　培养学生细致的观察力和独立动手能力。

【实验原理】

物质溶解过程所产生的热效应称为溶解热。溶解热分为积分溶解热和微分溶解热两种。

积分溶解热指在定温定压下将1mol溶质溶解在一定量的溶剂中形成某指定浓度的溶液时的焓变，也即为此溶解过程的热效应。由于溶解过程中溶液的浓度逐渐改变，因此也称为变浓溶解热，以 Q_s 或 $\Delta_{sol}H$ 表示。它是溶液组成的函数，若形成溶液的浓度趋近于零，积分溶解热也趋近于一定值，称为无限稀释积分溶解热。积分溶解热是溶解时所产生的热量的总和，可由实验直接测定。

微分溶解热是定温定压下，将 1mol 溶质加到大量给定浓度的溶液中时所产生的热效应。因溶液的量很大，所以尽管加入 1mol 溶质，浓度仍可视为不变，因此也称为定浓溶解热，用 $\left(\frac{\partial Q_s}{\partial n}\right)_{T,p,n_0}$ 或 $\left(\frac{\partial \Delta_{sol} H}{\partial n}\right)_{T,p,n_0}$ 表示。微分溶解热难以直接测量，但可通过实验，用间接的方法求得。

同样，把溶剂加到溶液中使之稀释，其热效应称为稀释热。稀释热分为积分（或变浓）稀释热和微分（或定浓）稀释热两种。向由单位物质的量的溶质 B 和物质的量为 $n_{0,1}$ 的溶剂 A 组成的溶液中添加溶剂 A，将原溶液稀释到溶剂 A 的物质的量为 $n_{0,2}$，稀释过程中的热效应称为积分稀释热，用符号 Q_d 或 $\Delta_{dil} H$ 表示。显然，积分稀释热等于溶液稀释终了时的积分溶解热与稀释开始时的积分溶解热之差。在温度、压力一定的条件下，在给定浓度的溶液里加入微量（物质的量为 dn_0）的溶剂，可以引起系统产生微小热效应 $d\Delta_{sol} H$，将 $\left(\frac{\partial \Delta_{sol} H}{\partial n}\right)_{T,p,n}$ 称为微分稀释热。这一定义也可以理解为在一定温度和压力下，将单位物质的量的溶剂加到无限量的某一浓度的溶液中所产生的热效应。

不同剂量的 n_0 的积分溶解热 $\Delta_{sol} H$ 可由实验直接测定，微分溶解热、积分稀释热和微分稀释热则可通过 $\Delta_{sol} H$-n_0 曲线求得（见图 1）。

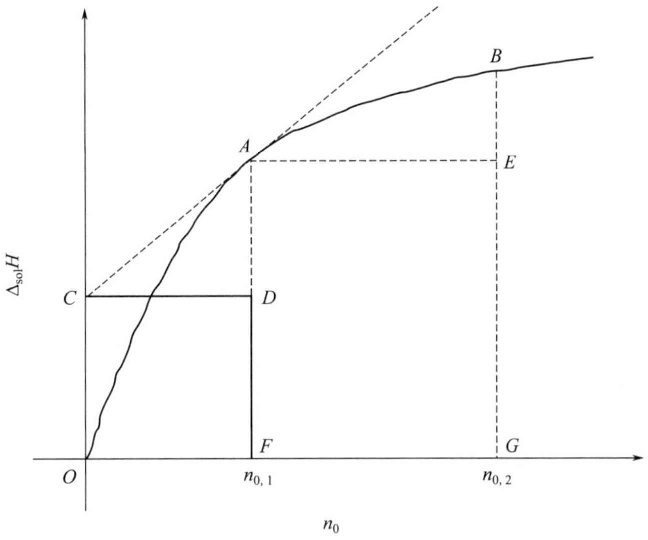

图 1 溶解热 $\Delta_{sol} H$ 对 n_0 曲线

积分溶解热除与系统的温度和压力有关外，还与溶质、溶剂的性质以及它们各自的量有关。当温度和压力一定时，对于给定的溶质和溶剂，溶液的积分溶解热与溶液的浓度有关，是溶剂（A）的物质的量 n_0 和溶质（B）的物质的量 n_B 的函数，即 $\Delta_{sol} H = \Delta_{sol} H(n_0, n_B)$。

在温度和压力一定时上式的全微分为

$$d(\Delta_{sol} H) = \left(\frac{\partial \Delta_{sol} H}{\partial n_0}\right)_{T,p,n_B} dn_0 + \left(\frac{\partial \Delta_{sol} H}{\partial n_B}\right)_{T,p,n_0} dn_B$$

式中，$\left(\frac{\partial \Delta_{sol} H}{\partial n_0}\right)_{T,p,n_B}$ 为微分稀释热；$\left(\frac{\partial \Delta_{sol} H}{\partial n_B}\right)_{T,p,n_0}$ 为微分溶解热。若它们均与溶

质、溶剂的物质的量无关，积分上式得

$$\Delta_{sol}H=\left(\frac{\partial\Delta_{sol}H}{\partial n_0}\right)_{T,p,n_B}n_0+\left(\frac{\partial\Delta_{sol}H}{\partial n_B}\right)_{T,p,n_0}n_B$$

因积分溶解热 $\Delta_{sol}H$ 的定义中规定了溶质的物质的量 $n_B=1\text{mol}$，所以上式改写为

$$\Delta_{sol}H=\left(\frac{\partial\Delta_{sol}H}{\partial n_0}\right)_{T,p,n_B}n_0+\left(\frac{\partial\Delta_{sol}H}{\partial n_B}\right)_{T,p,n_0}$$

上式提供了由实验测定积分溶解后，可以同时求解微分稀释热和微分溶解热的方法。由实验测定积分溶解热 $\Delta_{sol}H$ 与溶剂的物质的量 n_0 的关系曲线，通过曲线上某一点作切线，其斜率便是该组成下溶液的微分稀释热 $[\partial\Delta_{sol}H/\partial n_0]_{T,p,n_B}$。如图 1 中过点 A 的切线 CA 的斜率便是溶剂物质的量为 $n_{0,1}$ 时的微分稀释热，其值等于 DA/CD；而切线 CA 的截距 OC 便是溶剂物质的量为 $n_{0,1}$ 时的微分溶解热 $[\partial\Delta_{sol}H/\partial n_B]_{T,p,n_0}$。图 1 中的 AF 表示溶剂的物质的量为 $n_{0,1}$ 时的积分溶解热，EB 表示溶液由溶剂的物质的量为 $n_{0,1}$ 稀释到 $n_{0,2}$ 时的积分稀释热 $\Delta_{dil}H$，它与不同物质的量的溶剂溶解溶质时的积分溶解热关系为

$$\Delta_{dil}H=\Delta_{sol}Hn_{0,2}-\Delta_{sol}Hn_{0,1}=BG-AF$$

本实验采用绝热式测温量热计测定氯化钾溶解在水中的溶解热，因氯化钾在水中的溶解是一个吸热过程，系统温度不断下降，故采用电热补偿法测定。实验装置示意图见图 2，主要由杜瓦瓶、搅拌器、电加热器和测温部件等构成。

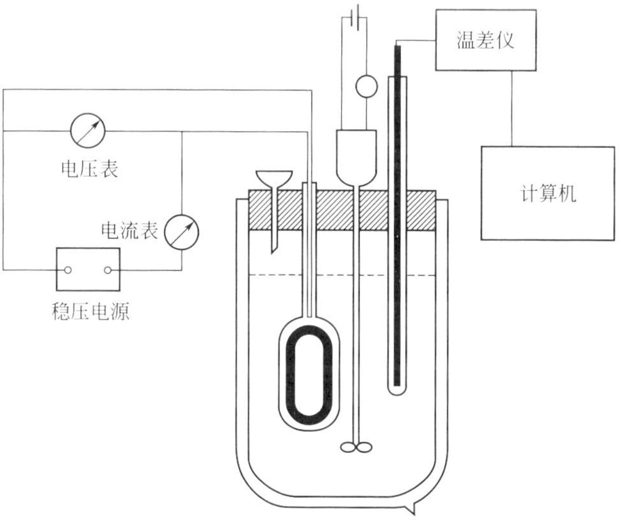

图 2　溶解热实验装置示意图

实验时先测定系统中水［质量为 m_0(g)］的起始温度（一般高出室温 0.5℃），加入质量为 m(g) 的氯化钾，溶解开始后系统因吸热而温度降低，再用电加热使系统温度回升到起始温度，测量这一过程中的通电时间，便可以算得所消耗的电能，得出氯化钾溶解在水中所吸收的热 Q。

$$Q=I^2Rt=IUt$$

式中，I 为电加热器的电流强度，A；R 为加热器的电阻丝的电阻，Ω；U 为加热器两端的电压，V；t 为通电时间，s。

根据所用溶剂水的质量 m_0 和累积加入溶质氯化钾的质量 m，计算出溶解 1mol 氯化钾

所需溶剂水的物质的量 n_0 和积分溶解热 $\Delta_{sol}H$。

$$n=\frac{n(H_2O)}{n(KCl)}=\frac{m_0/M(H_2O)}{m/M(KCl)}=\frac{m_0/18.02}{m/74.5}=4.13\times\frac{m_0}{m}$$

$$\Delta_{sol}H=\frac{Q}{n(KCl)}=\frac{Q}{m/M(KCl)}=\frac{74.5Q}{m}$$

【仪器与试剂】

仪器：实验装置1套（包括杜瓦瓶、搅拌器、电加热器、测温部件、小漏斗），称量瓶，直流稳压电源，电子天平，直流电压表，直流电流表，秒表，研钵。

试剂：氯化钾（分析纯，研细，在110℃烘干，保存于干燥器中），蒸馏水。

扫码看视频

【实验步骤】

1. 将已进行研磨和烘干处理后的氯化钾放入干燥器中，备用。

2. 对8个称量瓶进行编号。在电子天平上准确称量并记录约0.5g、1.5g、2.5g、3.0g、3.5g、4.0g、4.5g、5.0g的氯化钾，放入干燥器中待用。

3. 在电子天平上称取216.2g蒸馏水于杜瓦瓶内，按图2装置示意图安装好仪器，接好线线路。

4. 经教师检查无误后，打开测温仪，记录当前室温。

5. 将杜瓦瓶置于测量装置中，放入测温探头，打开搅拌器。应避免搅拌桨与探头接触。

6. 打开稳压电源，调节加热功率旋钮，使功率 $P=2.5W$ 左右，调节搅拌器转动速度。记录具体的电压电流值，并保持电压电流稳定。

7. 当水温升至比室温高出0.5℃左右，按采零键，仪器自动清零，同时按下秒表，开始计时。

8. 随即从加料口加入第1份样品（残留在漏斗上的少量氯化钾全部弹入杜瓦瓶中），取下漏斗后，用塞子塞住加样口，此时温差开始变负温差。

9. 当温差值显示为零时，记下此时加热的时间 t_1（注意不能按停秒表），紧接着加入2号样品，此时温差又开始变负，待温差由负变为零时记下加热时间 t_2，再加入3号样品，以此反复直至8份样品全部测试完毕。

10. 再次称量8个带有编号的空称量瓶，根据加样前后两次称量瓶质量之差计算实际加入杜瓦瓶中的氯化钾质量。

11. 测试结束后，应观察杜瓦瓶内氯化钾是否完全溶解，若未完全溶解应重做实验。

【数据记录与处理】

1. 记录实验室室温、大气压力，将每次所加的氯化钾的质量、累计溶解氯化钾的总质量和连续通电时间等记录在表1中。

表1 数据记录表

水的质量 $m_水$=________g；电流 I=________A；电压 U=________V

项目	编号							
	1	2	3	4	5	6	7	8
每次加样质量/g								
累积溶解质量/g								
通电时间/s								

续表

项目	编号							
	1	2	3	4	5	6	7	8
水的物质的量 n_0/mol								
Q/J								
$\Delta_{sol}H$/J								

2. 根据通电时的电压、电流和通电总时间，计算累计溶解氯化钾所需吸收的热量 Q。

3. 由溶剂水的质量和累计溶解氯化钾的质量，根据公式计算出溶解 1mol 氯化钾所需的溶剂水的物质的量 n_0，结果填于表中。

4. 根据公式由累计溶解氯化钾的质量、所吸收的热量 Q，计算出氯化钾在水中溶解时的积分溶解热 $\Delta_{sol}H$，结果填于表中。

5. 以 n_0 为横坐标，溶解热 $\Delta_{sol}H$ 为纵坐标作 $\Delta_{sol}H$-n_0 图。

【注意事项和维护】

1. 实验中 8 个样品的测试是连续的，一旦开始加热就必须完成所有测量步骤，中途不得暂停。测量过程中秒表一直处于计时状态，直至实验结束方可停表。

2. 氯化钾易吸水，故称量和加样时动作应迅速。称好的样品应保存于干燥器中，以确保氯化钾能在水中快速完全溶解。

3. 杜瓦瓶易碎，请轻拿轻放。

4. 在实验室应穿戴实验服、防护目镜或面罩。

5. 离开实验室前务必洗手。

6. 使用过的氯化钾溶液应倒入指定的废液回收桶。

7. 使用过的称量纸、氯化钾纸屑及手套应放入固体废弃物桶。

思考题

1. 温度和浓度对溶解热有无影响？如何从实验温度下的溶解热计算其他温度下的溶解热？

2. 本实验将温差零点设置在室温以上约 0.5℃的原因是什么？

3. 若溶质在水中溶解时放热，是否可以用本实验装置测量其溶解热？若不能应怎样设计实验？

实验 10 恒温槽性能的测定

【实验引入】

恒温槽是一种可提供恒定温度的容器。市面上有很多功能类似的仪器，如水浴锅、干燥箱、培养箱、标准恒温槽等，所能达到的精度各异。

恒温槽的类型有多种，根据恒温槽内部使用的介质不同，主要可分为恒温液体槽和恒温空气槽。恒温液体槽的工作介质是液体，按使用的不同温度范围划分，又可分为低温恒温槽和高温恒温槽，低温恒温槽的工作介质一般为酒精、冷冻液或水，高温恒温槽的工作介质一般为硅油、食用油等。实验室常见的水浴锅、油浴锅等就属于恒温液体槽。而恒温空气槽的介质是空气，所以其温度的使用范围较恒温液体槽相对较广，如实验室中干燥箱、培养箱等。甚至我们也可把日常生活中的烤箱、空调房间、冷冻室等看成是恒温空气槽，只是精度不一。

在物理化学实验中所测得的数据，如折射率、黏度、蒸气压、表面张力、电导、化学反应速度常数等都与温度有关，所以许多物理化学实验必须在恒温下进行。在有机合成反应过程中，为了保证反应温度恒定，根据反应的放热或吸热情况必须提供低温浴或油浴以保障反应的正常进行。

目前，恒温槽已经被广泛应用于石油、化工、生物工程、医药食品、冶金、物性测试及化学分析等领域。为用户提供高精度的恒温场源，是研究院、高等院校、工厂实验室、计量质检部门等常用的理想的恒温设备。尤其在热工类计量器具的检定/校准等工作中，恒温槽作为不可缺少的主要配套设备，为检定/校准双金属温度计、工业铂铜热电阻、压力式温度计等计量器具起着重要作用。

特别是为了保证检定/校准结果的准确性，需要定期对恒温槽的技术性能进行测试。因此，对恒温槽的定期测试是十分必要的。恒温槽技术性能的重要指标包括温度波动度和温场均匀性。本实验就带领大家一起去了解恒温槽的构造及恒温原理，并对恒温槽性能进行初步考察。

【实验目标】

知识目标 了解恒温槽的构造及恒温原理。

技能目标 初步掌握其装配和调试的基本技术；绘制恒温槽灵敏度曲线；掌握贝克曼温度计，了解温度计的调节和使用方法。

价值目标 培养学生细致的观察力、科学思维能力和实验操作能力。

【实验原理】

许多化学参量都与温度有关。所以在测量时，通常要求在某设定温度下进行。能维持温度恒定的装置称为恒温装置。大部分化学实验均要求在恒温槽中进行（如图1所示），故恒温槽的使用是要求学生必须掌握的实验技术之一。

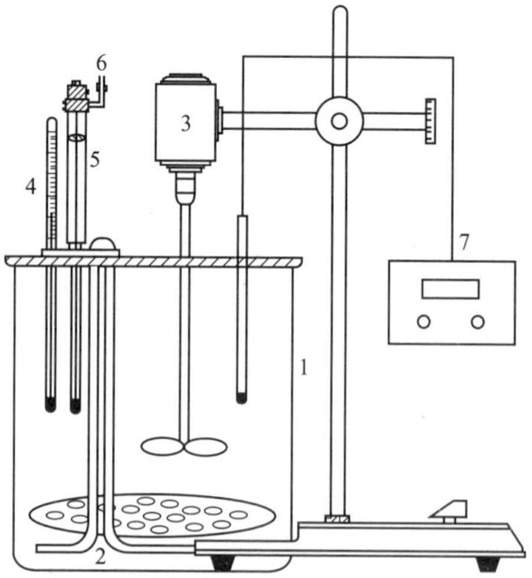

图1　恒温槽装置图

1—浴槽；2—加热器；3—搅拌器；4—温度计；5—感温元件（接触温度计）；6—接温度控制器；7—接数字贝克曼温度计

（1）浴槽　浴槽包括容器和液体介质，如果要求设定的温度与室温相差不太大，通常可用20dm^3的圆形玻璃缸作容器。若设定的温度较高（或较低），则应对整个槽体保温，以减小热量传递速度，提高恒温精度。恒温水浴以蒸馏水为工作介质。如对装置稍作改动并选用其他合适液体作为工作介质，则上述恒温可在较大的温度范围内使用。

（2）加热器 在设定温度比室温高的情况下，必须不断供给热量以及补偿水浴向环境散失的热量。电加热器的选择原则是热容量小，导热性能好，功率适当。

（3）介质 通常根据控温度范围选择不同类型的恒温介质。如控温度在－60～30℃时，一般选用乙醇或乙醇水溶液；0～90℃时用水；80～160℃时用甘油或甘油水溶液；70～200℃时常用液体石蜡或硅油。有时也应实验具体要求选择合适的恒温介质，如实验中要求选用绝缘介质，则可选用变压器油等。

（4）搅拌器 搅拌器以小型电动机带动，其功率可达40W，用变速器或变压器来调节搅拌速度。搅拌器一般应安装在加热器附近，其作用是使热量迅速传递，以使槽内各部位温度均匀。

（5）温度计 观察恒温浴的温度可选用分度值为0.1℃的水银温度计，而测量恒温浴的灵敏度时应采用贝克曼温度计。温度计的安装位置应尽量靠近被测系统。所用水银温度计的读数都应加以校正。

（6）感温元件 对温度敏感的元件被称为感温元件，它是温度控制器的感温探头。温度控制器接受来自感温探头的输入信号，从而控制加热器工作与否。感温元件有许多种，原则上凡是对温度敏感的器件均可作感温元件。常用的感温元件有热电偶、热敏电阻、水银导电表等。本实验选用水银导电表作为感温元件。

（7）温度控制器 如前所述，它依据感温元件发送的信号来控制加热器的“通”与“断”，从而达到控制温度的目的。

恒温效果是通过一系列元件的动作来获得的。因此不可避免地存在着滞后现象，如温度传递、感温元件、加热器等的滞后。因此，装配时除对上述各元件的灵敏度有一定要求外，还应根据各元件在恒温槽中的作用，选择合理的摆放位置、合理的布局才能达到理想的恒温效果。

恒温槽的温度控制装置属于“通”“断”类型，当加热器接通后，恒温介质温度上升，热量的传递使温度计中的水银柱上升。但热量的传递需要时间，因此常出现温度传递的滞后，往往是加热器附近介质的温度超过设定温度，所以恒温槽的温度超过设定温度。同理，降温时也会出现滞后现象。

由此可知，恒温槽控制的温度有一个波动范围，并不是控制在某一固定不变的温度值。控温效果可以用灵敏度 ΔT 表示：$\Delta T=\pm(T_1-T_2)/2$。式中，T_1 为恒温过程中水浴的最高温度；T_2 为恒温过程中水浴的最低温度。灵敏度常以温度为纵坐标、时间为横坐标绘制成的温度-时间曲线来表示，如图2。

可以看出：曲线a表示恒温槽灵敏度较高；b表示恒温槽灵敏度较低；c表示加热器功率太大；d表示加热器功率太小或散热太快。

为了提高恒温槽的灵敏度，在设计恒温槽时要注意以下几点。

① 恒温槽的热容量要大些，传热介质的热容量越大越好。

② 尽可能加快电加热器与感温元件间传热的速度。为此，要使感温元件的热容尽可能小，感温元件与电热器间的距离要近一些；搅拌器效率要高。

③ 作温度调节用的加热器功率要小。

【仪器与试剂】

仪器：恒温槽，秒表，电动搅拌器，热敏电阻温度计，电加热器，贝克曼温度计。

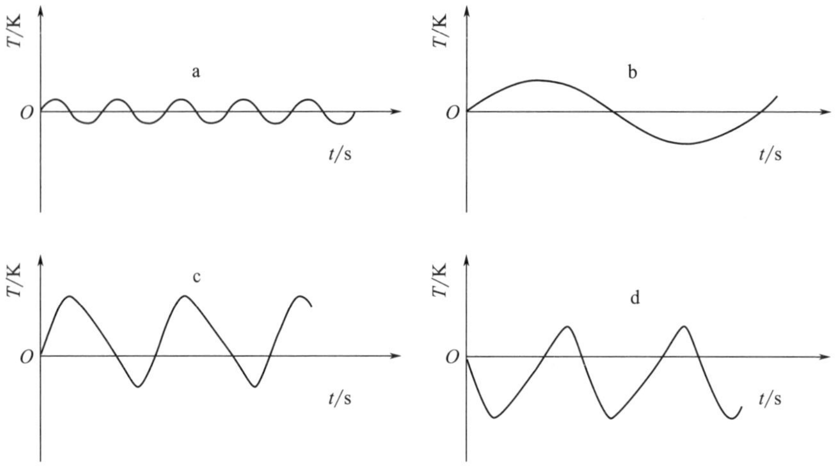

图 2 温度-时间曲线

扫码看视频

【实验步骤】

1. 恒温槽的装配。根据所给原件和仪器，按图 1 安装恒温槽，接好线路，经教师检查后方可接通电源。

2. 将恒温槽控制面板上的测量/设定开关开到设定挡，将温度设定为 25℃。

3. 将恒温槽控制面板上的测量/设定开关开到测量挡，此时恒温槽的电加热器开始工作。

4. 温度波动曲线的测定。待恒温槽温度恒定在 25℃ 10min 后，按精密电子温差测量仪上的置零键到零，然后用秒表每隔 2min 记录一次贝克曼温度计的读数，测定 30min。

5. 同法将温度设定在另一温度如 30℃，测恒温槽的灵敏度和灵敏度曲线。

6. 布局对恒温槽灵敏度的影响（选做）。改变各元件间的相互位置，重复测定温度波动曲线，找出一个合理的最佳布局。

7. 影响温度波动曲线的因素（选做）。选定某个布局，改变加热电压（加热功率）和搅拌速度，将测定的温度波动曲线与未改变条件的温度波动曲线比较。

【数据记录与处理】

1. 将实验测定的数据记录于表 1 中。

表 1 数据记录表

（室温： ℃；气压： kPa）

时间/min	0	2	4	6	8	10	12	14
贝克曼温度计读数/℃								
时间/min	16	18	20	22	24	26	28	30
贝克曼温度计读数/℃								

2. 计算恒温槽的灵敏度。以表 1 中的时间为横坐标、贝克曼温度计读数为纵坐标，绘制温度-时间曲线，取最高点与最低点温度计算恒温槽的灵敏度。

灵敏度 ΔT 的计算：

$$\Delta T = \pm(T_1 - T_2)/2$$

式中，T_1 为恒温过程中水浴的最高温度；T_2 为恒温过程中水浴的最低温度。

3. 恒温槽温度设定为 30℃，实验测定数据的记录、恒温槽灵敏度的计算和灵敏度曲线的绘制同上。

4. 布局、加热功率、搅拌速度对恒温槽灵敏度的影响数据记录同 1，其恒温槽的灵敏度曲线绘制同 2（选做）。

【注意事项和维护】

1. 为使恒温槽温度恒定，接触温度计调至某一位置时，应将调节帽上的固定螺钉拧紧，以免使之因振动而发生偏移。

2. 在使用贝克曼温度计测温度时，一定不能移动温度传感器。

3. 在对贝克曼温度计进行读数时，首先将温度旋钮旋转至所在温度范围内，然后进行小数点后三位的读数。

4. 当恒温槽的温度和所要求的温度相差较大时，可以适当加大加热功率，但当温度接近指定温度时，应将加热功率降到合适的功率。

思考题

1. 通过本次实验，分析恒温槽灵敏度的影响因素有哪些？
2. 恒温槽内各处温度是否相等？为什么？
3. 欲提高恒温槽的控温精确度，应采取哪些措施？

实验 11　水的电导率的测定

【实验引入】

出门在外大家口渴时会买瓶装水，这些瓶装水其实大不一样，有的是纯净水，有的是山泉水。它们有什么区别呢？其实纯净水就是通过净水设备对自来水进行净化，将有害物质和矿物元素一起过滤掉变成可直接饮用的水，而山泉水是从优质水源基地取的水，山泉水中有很多矿物质，那么这些矿物质的存在对水的性质有没有影响呢？可以用水的电导率来衡量，水的电导即水的电阻的倒数，通常用它来表示水的纯净度。电导率是物体传导电流的能力，本实验将介绍水的电导率的测定。

【实验目标】

知识目标　了解自来水中含有哪些无机离子及其鉴定方法。

技能目标　掌握电导率的测试原理及测试方法。

价值目标　生活是丰富多彩的，它会想尽办法来迷惑每一个人，眼睛也有可能会欺骗我们，所以，眼见不一定为实，用科学的手段去判断，才会得到正确的答案。

【实验原理】

纯水是一种极弱的电解质，水中含有杂质后其导电能力增加，水中杂质离子越小，其导电能力越弱。使用电导仪测定水的电导，就能判断水的纯度。

电导仪是测定溶液的电导的仪器。由于电导是电阻的倒数，所以电导仪实际上测量的是溶液的电阻。DDS-308 电导率仪是一种高智能化、多功能和使用方便的台式水溶液电导率分析仪器，微处理器控制，程序化设计，触摸按键，方便、快捷。低电压变频的设计方案使得测量范围更宽；高精度 A/D 转换芯片，一体化电路设计，保障数据可靠性；仪器防水、防尘，即使在恶劣的测量环境，也能获得很好的测量效果；具有多种测量模式，可测量溶液的电导率值、溶解性总固体（TDS）、盐度、温度值；具有校正功能，可校正电极参数和 TDS 系数，ATC 自动识别，自动/手动温度补偿，具有断电数据保持功能，能够自动存储仪器校正数据，可配系数为 0.01、0.1、0.5、1 四种规格的电导电极；RS232 接口输出，选配 DJS-0.01 的钛合金电导电极及流动测量槽，可以快速测量纯水及高纯水的电导率，自动量程转换。

1. 仪器的工作原理

（1）测量原理　为避免电极极化，仪器产生高稳定度的方波信号加在电导池上，流过电导池的电流与被测溶液的电导率成正比，表计将电流由高阻抗运算放大器转化为电压后，经程控信号放大、检波和滤波后，得到反映电导率的电信号。微处理器对温度信号和电导率信号交替采样，经过运算和温度补偿后，得到被测溶液在 25℃ 的电导率值和当时的温度值。

（2）温度补偿原理　电解质溶液的电导率受到温度变化的影响，必须进行温度补偿。一般说来，弱水的水溶液的温度系数为 2%。

① 在电导率及 TDS 测量时，温度电极接上，仪器自动按设定温度系数将电导率补偿到 25℃时的值；温度电极不接，仪器显示待测溶液未补偿的原始电导率值。

② 在盐度测量时，温度电极接上，仪器自动将盐度补偿到 18℃时的值；温度电极不接，仪器显示待测溶液未补偿的原始盐度值。

③ 温度系数设置功能。在电导率或 TDS 测量状态下，按“温度补偿”键，仪器进入温度系数调节状态。按“▲”“▼”键调节，“确认”键确定。一般水溶液电导率值测量的温度系数选择 0.02，温度补偿的参比温度为 25℃。

（3）仪器功能操作

① 测量功能。仪器有电导率、TDS、盐度三种测量功能，按“模式”键可以在三种模式间切换。

② 电极常数设置功能。电导电极出厂时，每支电极都标有一定的电极常数值，需将此值输入仪器。

③ 在 TDS 测量状态下，有时需设置 TDS 的转换系数。按“电极常数”“▲”“▼”“确认”键可设置。

（4）标定功能

① 电导电极常数的标定。电导电极出厂时，每支电极都标有电极常数值，若电极常数不准确，可自行标定。

② TDS 转换系数的标定。根据被测溶液的性质及测量范围，选择合适的标准溶液进行标定。

（5）存贮、删除功能　每种测量模式最多可存贮50套测量数据，超过50套，仪器自动重复从头存贮。在测量状态下按"删除"键，仪器即进入删除功能，可删除当前测量模式下的存贮数据。

2. 电极的选择与使用。根据被测水样电导率的大小范围，选择电极常数大小合理的电极是准确测量的关键。特别是对纯水（＜3μS/cm）和超纯水（＜1μS/cm）的测量，否则将产生较大的误差。

（1）电极的选择　选择电极的基本原则：根据被测水样电导率的大小范围，参照表1选择常数合理的电极。

表1　DDS-308配各种电极后的测量范围

电导率范围/(μS/cm)	电极常数	电极型号	备注
0.01～30	0.01	双圆筒钛合金电极	应加流动测量槽作动态密闭测量
0.1～300	0.1	DSJ-0.1C型	
1～3000	1.0	DSJ-1C光亮或铂黑电极	
10～30000	10	DSJ-10C光亮或铂黑电极	

（2）对纯水或超纯水的测量　对纯水或超纯水进行测量时，应配上电极常数0.1或0.01的电极。最常见的错误是：用电极常数为1.0的电极测量纯水或超纯水。现在有0.1或0.01的电导电极作为配套产品出售，若要精确测量，应配上流动测量槽作动态的密闭测量。购买时需要声明电极常数，如不作声明，将视作标准的1.0电极配置。

【仪器与试剂】

仪器：DDS-308A型电导率仪，烧杯。

试剂：纯水，自来水，湖水。

【实验步骤】

1. 组装并检测电导率仪。将多功能电极架插入电极板座内。将电导电极和温度传感器夹在多功能电极架上，插头插入测量电极插座和温度传感器插座内，接通通用的电源，按下"ON/OF"键，仪器将显示"DDS-308A型电导率仪"，几秒后，仪器自动进入上次关机时的测量工作状态，此时仪器采用的参数为用户最新设置的参数。预热半小时。

2. 设置参数。电极常数：按下电极常数键，电极常数灯亮，主显示显电极常数值，按上下键调节到所需的电极值，然后按确认键，电极常数值闪烁，电极常数灯灭后自动退回测量状态。温度系数：按下温度系数键，温度系数灯亮，主显示显温度系数值，按上下键调节到所需的温度系数，然后按下确认键，温度系数值闪烁，温度系数灯灭后自动退回测量状态（注：DDS-308有自动识别温补电极的功能，只要插上了温补电极，ATC灯亮，手动温度不起作用）。

3. 用纯水清洗电极探头。

4. 用三只小烧杯分别取纯水、自来水、湖水开始检测其电导率。

【数据记录与处理】

分别测定纯水、自来水、湖水的电导率，观察仪器显示器数据的变化，记录各水样的电导率值于表2中。

表 2 数据记录表

水质	温度/℃	电导率/(μS/cm)
湖水		
自来水		
纯水		

【注意事项和维护】

1. 开启电源后，仪器有显示，若无显示或显示不正常，应马上关闭电源，检查电源是否正常和保险丝是否完好。

2. 电极的引线和表计后部的连接插头不能弄湿，否则不准。

3. 高纯水被盛入容器后应迅速测量。因为空气中的 CO_2 会不断地溶入水样中，生成导电较强的碳酸根离子，电导率会不断上升，使测得的数据不准。

4. 盛被测溶液的容器必须清洁，不得有离子污染。

5. 电极的不正确使用常引起仪器工作的不正常。应使电极完全浸入水溶液中，而且不能安装在“死角”。

6. 在使用电导率仪的过程中应仔细操作，动作不能过大，特别是在清洗电极探头时，因为电极探头是很薄的玻璃制的，若动作过大或用力过大，很容易损坏仪器。实验完后，一定要将仪器收好，电极探头应整齐地放进盛放电极的盒子里。

思考题

1. 测量电导率时，如果水的纯度不高，或者所用玻璃器皿不够洁净，将对实验结果产生什么影响？

2. 测电导率时为什么要恒温？

3. 通常情况下，为何水的电导率不能忽略？

实验 12 金属铝的阳极氧化

【实验引入】

铝是地壳中含量最丰富的金属元素，以铝为主要材料，加入其他金属制成的铝合金，具有轻盈、环保、耐腐蚀等诸多优良的性能，为我们提供了各种便利。此外，有绿色金属之称的铝有着良好的循环利用特性，一百年前生产的铝直到今天仍有 70%左右还在为人类服务。

铝在全世界的年产量仅次于钢铁，在金属材料中名列第二。铝和铝合金质量轻，在汽车、飞机、铁路车辆、船舶、高层建筑等方面广泛应用。铝合金中加入少量铜、镁、锰、锌等元素后，具有高于碳钢的强度。铝及其合金还有良好的导热、导电性，对光、热、电波的反射性好，无磁性，有吸音性，耐低温。

铝及其合金在空气中会在表面自然生成一层 0.01～0.05μm 的氧化膜，这种自然形成的氧化膜既软又薄，耐蚀性差，不能成为有效防护层，更不适合着色。为了保证铝和铝合金有足够的强度和较高的耐蚀性，必须对其进行氧化处理。铝和铝合金的氧化处理主要是阳极氧化。阳极氧化后的铝合金经染色处理后，可以得到各种颜色的铝及其合金制品。

阳极氧化是怎么实现的？五彩斑斓的铝合金又是如何染色的呢？让我们一起走进铝合金的表面处理世界吧！

【实验目标】

知识目标 了解阳极氧化表面修饰的基本原理及方法，氧化膜的着色技术。

技能目标 掌握阳极氧化的基本工艺。

价值目标 由于铝的氧化膜非常致密，因此选择阳极氧化来保护铝基底。因此我们解决问题也应因地制宜，因势利导，根据实际情况着手寻找可行办法。

【实验原理】

用电化学方法在铝或铝合金表面生成较厚的致密氧化膜的过程称为铝的阳极氧化。这种人工氧化膜经过适当处理后，由无定形氧化膜转化为晶型氧化膜，孔隙被消除，膜层硬度增高，使其耐磨性、耐蚀性、电绝缘性大大提高，光泽度增强，能经久不变，经适当染色处理还可得到美丽的外观。

以石墨为阴极、铝为阳极，在 H_2SO_4 溶液中进行电解，两极反应如下

阴极 $$2H^+ + 2e^- = H_2$$

阳极 $$Al - 3e^- = Al^{3+}$$

$$Al^{3+} + 3H_2O = Al(OH)_3 + 3H^+$$

$$2Al(OH)_3 = Al_2O_3 + 3H_2O$$

电解过程中，H_2SO_4 可以使形成的 Al_2O_3 膜部分溶解，所以要得到一定厚度的氧化膜，必须控制适当的氧化条件，使氧化膜的形成速度大于溶解速度。

阳极氧化膜由两层组成，内层为致密的无水氧化铝（Al_2O_3），厚度一般为 0.01～0.1μm，外层由水合氧化铝（$Al_2O_3 \cdot H_2O$）组成，孔隙率较高，吸附能力强，容易染色。

耐蚀性的测试方法有很多种，本实验选择盐酸耐酸测试，致密氧化膜可以在一定程度上抵抗盐酸的腐蚀。

【仪器与试剂】

仪器：直流稳压电源，石墨电极，烧杯，砂纸，玻璃棒，导线（带鳄鱼夹），镊子，电炉，石棉网，秒表。

试剂：铝片，HNO_3（质量分数 10%），H_2SO_4（质量分数 15%），HCl（质量分数 10%），NaOH（2mol/L），无机着色液 1 号（10%亚铁氰化钾）和无机着色液 2 号（10%氯化铁），乙醇。

【实验步骤】

1. 前期准备

（1）有机溶剂除油 用镊子夹棉花球蘸乙醇擦洗铝片，最后用自来水冲洗。

（2）碱洗 将铝片放在 70℃、2mol/L NaOH 溶液中浸泡 1min，取出后用自来水冲洗。

（3）酸洗 将铝片放在 10%（质量分数）HNO_3 溶液中浸泡 1min，中和铝片表面的碱液，取出后用自来水冲洗，然后放在水中待用。

2. 阳极氧化。以石墨作阴极，铝片作阳极，连接电解装置，电解液为15%（质量分数）H_2SO_4溶液。接通直流稳压电源，使电流密度保持在15～20mA/cm^{2}范围，电压为15V左右。温度为室温，通电30～40min，切断电源，取出铝片冲洗干净，在冷水中保护，尽快着色。

3. 氧化膜质量检查。滴两滴10% HCl溶液于阳极氧化处理后的铝片和未处理铝片表面，在常温下放置10～15min，然后冲洗干净，观察两个样品的表面形态变化。

4. 氧化膜的着色和封闭。将经阳极氧化处理的铝片依次放入1号和2号着色液中，各浸泡5～10min，取出后用水冲洗干净。将着色后的铝片放入沸水中煮10～15min，取出后浸入无水乙醇中30s左右，即可得到结构致密、色泽美丽的氧化膜。

【数据记录与处理】

将实验过程中的各参数和实验现象记入表1中。

表1　实验数据记录表

项目	文字、数字记录	拍照记录（如有）
阳极氧化温度/℃		
溶液pH值		
电流密度/(mA/cm^2)		
电压/V		
阳极与阴极的距离/cm		
阳极氧化时间/min		
阳极氧化膜质量判定		
氧化膜着色效果		

【注意事项和维护】

1. 前处理工作包括除油、酸洗等工序，需认真按顺序完成。

2. 阳极氧化过程中，注意控制并固定工件阳极与阴极的距离，否则会导致氧化膜厚度不均。

3. 每次实验完成后，下一次实验前，请留意原电解液的酸度和沉淀情况，适当补充酸或进行过滤。

4. 阳极氧化结束后，所有溶液应交由废液处理公司进行专业处理，严禁随意倾倒废液。

思考题

1. 能否用较浓的NaCl溶液代替15%（质量分数）的H_2SO_4作为电解液进行铝的阳极氧化？为什么？

2. 思考如何进行氧化膜的绝缘性和耐蚀性测试？

3. 阳极氧化电流密度过大或过小，会对氧化膜造成哪些影响？

实验 13 酸性电镀锌

【实验引入】

金属材料因其优异的性能得到广泛的应用，而随之带来的腐蚀问题也同样备受关注。金属腐蚀给国民经济造成巨大的损失，并且由金属腐蚀引发的各种事故也对人身和公共安全造成了巨大威胁。金属腐蚀是一个全球普遍存在的问题，全球每年因为钢铁腐蚀而报废的设备占当年世界钢铁总产量的30%。钢铁的生锈腐蚀如图1所示。世界各国因金属腐蚀而造成的经济损失远超过其他各种自然灾害引起的经济损失的总和，据世界腐蚀组织估计，全世界每年因腐蚀造成的经济损失达2.2万亿美元，超过世界国内生产总值的3%，并呈逐年上升趋势。因此，对金属的防护就成为预防腐蚀的关键手段。

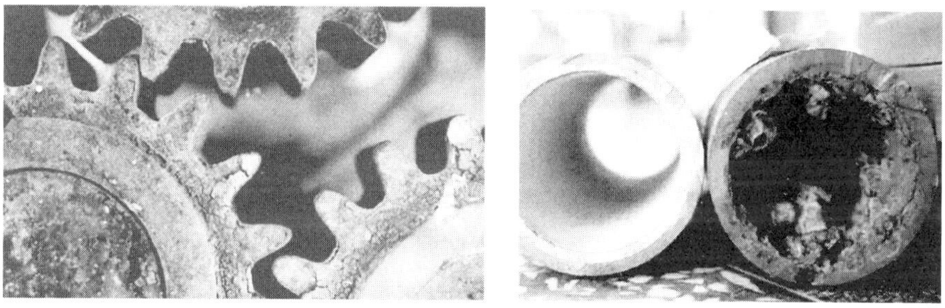

图1 钢铁生锈腐蚀

电镀是指通过电化学过程，使金属或非金属工件的表面再沉积一层金属或合金的方法。该技术广泛应用于国民经济的各个生产和研究部门，是预防腐蚀的有效途径之一。

电镀层的主要作用：提高金属工件在使用环境中的抗腐蚀性能；装饰共建的外表，使其光亮美观；提高工件的工作性能。电镀过程是采用电解原理在金属表面镀上一薄层其他金属或合金的过程，利用电解作用使金属或其他材料制件的表面附着一层金属膜从而起到防止金属氧化，提高耐磨性、导电性、反光性、抗腐蚀性及增进美观等作用。本实验通过电镀锌的过程来介绍电镀的全过程。

【实验目标】

知识目标 了解电镀原理、方法和工艺过程。

技能目标 掌握正确的电镀方法。

价值目标 学会透过现象发现事物的本质。

【实验原理】

电镀是电解原理的具体应用。电镀时，被镀工件作阴极，欲镀金属作阳极，电解液中含欲镀金属离子。电镀进行中，阳极溶解成金属离子，溶液中的欲镀金属离子在金属工件表面以金属单质或合金的形式析出。本实验将在金属铁片上镀锌。

【仪器与试剂】

仪器：直流稳压电源，烧杯，砂纸，玻璃棒，电极挂钩（铜导线自制），导线（带鳄鱼夹），镊子，pH试纸（酸性精密），赫尔槽，吹风机。

试剂：铁片，锌片，$ZnCl_2$，KCl，H_3BO_3，1mol/L HCl，0.1mol/L HCl，光亮剂，柔软剂，三价铬钝化液，六次甲基四胺，碱洗液（25g/L NaOH，25g/L Na_2CO_3）。

【实验步骤】

1. 前期准备

（1）将大铁片从含六次甲基四胺的 HCl 溶液中取出，然后用砂纸进行打磨，使粗糙的工件表面尽可能平滑光亮。然后用自来水冲洗干净。

（2）将打磨好的铁片放入不断搅拌的碱洗液（25g/L NaOH，25g/L Na_2CO_3）中，然后用自来水冲洗。若铁片表面被一层均匀的水膜覆盖而不附有水珠，表明除油达到要求；否则应重新进行除油，直到达到要求为止。

（3）将除油达到要求且冲洗干净的铁片放入盐酸洗液（0.1mol/L）中进行酸洗并不断搅拌，10s 左右后取出，用自来水冲洗铁片表面附着的酸液。

（4）配制镀液：200g/L KCl，60g/L $ZnCl_2$，30g/L H_3BO_3，25mL/L 柔软剂，0.5mL/L 光亮剂，用 HCl 溶液调节 pH 值至 4.5～5.5（根据需求配置，保证镀液中各物质浓度满足上述各浓度值即可）。

2. 电镀

（1）将清洗好的大铁片放入赫尔槽中，连接阴极线；再将锌片放入，连接阳极线。采用直流稳压电源进行常温电镀，调整稳流旋钮，使铁片的电流密度为 $2.5A/dm^2$，电镀进行 10～15min。然后切断电源，取出工件，用水冲洗干净。观察并记录所得锌镀层在不同距离的表面状态，选出最佳的电镀距离。

（2）将小铁片从六次甲基四胺溶液中取出，重复碱洗、酸洗过程，在最佳的电镀距离处，采用相同的电流密度进行电镀。10min 后切断电源，取出工件，用水冲洗干净。观察并记录所得锌镀层的表面状态。

（3）将电镀后的小铁片浸入钝化液中钝化 50～60s，取出用水冲洗干净后，用吹风机单方向吹干，获得彩色钝化膜，观察并记录钝化膜的表面状态。

【数据记录与处理】

请将实验过程中各参数和实验现象记入表 1 中。

表 1 实验记录表

项目	文字、数字记录	拍照记录（如有）
电镀温度/℃		
镀液 pH 值		
电镀时间/min		
电流密度/(A/dm^2)		
最佳距离/cm		
电镀效果		
钝化效果		

【注意事项和维护】

1. 前处理工作包括打磨、除油、酸洗等工序，需认真按顺序完成。
2. 电镀和钝化结束后，镀液和钝化液应交由废液处理公司进行专业处理，严禁随意倾倒废液。

3. 小铁片电镀时，注意铁片与锌片应尽量平行，以保证镀层的均匀度。

4. 电镀和钝化结束后，将工件放入含六次甲基四胺的HCl溶液中，为下次实验做准备。

思考题

1. 电镀前为什么要对工件进行打磨、碱洗、酸洗等处理？

2. 六次甲基四胺的作用是什么？

3. 由大铁片的赫尔槽实验结果，可得到什么结论？试分析原因。

4. 请写出电镀过程中的反应方程式和电极半反应式。

5. 电镀过程中会有气泡产生，这些气泡是什么？对电镀效果会产生哪些影响？如何调控气泡的产生速率？

实验 14 邻二氮菲分光光度法测定微量铁

【实验引入】

为什么有的物质有颜色，有的物质没有颜色？为什么物质的颜色五光十色各不相同？这是一个非常有趣而又十分复杂的问题。我们都说阳光是白色的或是无色的，但是在特殊场合下，它却能显露出自己的“本色”。人们见到的彩虹就是由红、橙、黄、绿、青、蓝、紫七色光构成的。科学家们很早以前就懂得用一个三角棱镜把阳光分解成各种不同颜色的组分光。

物质呈现的颜色与它吸收的光的颜色有一定关系。如当白光通过硫酸铜溶液时，铜离子选择性地吸收了部分黄色光，使透射光中的蓝色光不能完全互补，于是硫酸铜溶液就呈现出蓝色。由于透射光中其他颜色的光仍然两两互补为白色，所以物质呈现出的颜色恰恰就是它所吸收光的互补色。若物质对白光中所有颜色的光全部吸收，它就呈现出黑色；若反射所有颜色的光，则呈现出白色；若透过所有颜色的光则为无色。

此外，溶液颜色的深浅，取决于溶液吸收光的量的多少，即取决于吸光物质的浓度的大小。如硫酸铜溶液的浓度越高，则对黄色光吸收就越多，表现为透过的蓝色光越强，溶液的蓝色也就越深。因此可以通过比较物质溶液颜色的深浅来确定溶液中吸光物质含量的多少。

用眼睛观察比较溶液颜色的深浅以测定物质含量的分析方法，称为目视比色法。该方法准确度不高，如果待测液中存在第二种有色物质，甚至会无法进行测定。紫外可见分光光度计就油然而生，它利用物质的浓度越大，呈现出来对光的吸收越强，因而“颜色越深”的原理来实现对物质含量的测定。该方法具有精密度和准确度高，可测定的化学组分多，选择性好，操作简单、快速，仪器价格低廉等优点，在分析领域占有非常重要的地位。

【实验目标】

知识目标 掌握邻二氮菲分光光度法测定微量铁的原理和方法。

技能目标 掌握紫外可见分光光度计的基本操作。

价值目标 通过仪器检测得到的结论跟我们肉眼看到的不一定相同，所以要相信科学，尊重科学，用事实说话；形成正确的实验观，以科学的态度对待实验。

【实验原理】

邻二氮菲（1,10-邻二氮菲）是一种有机配位剂，可与 Fe^{2+} 形成红色配位离子，反应方程如下

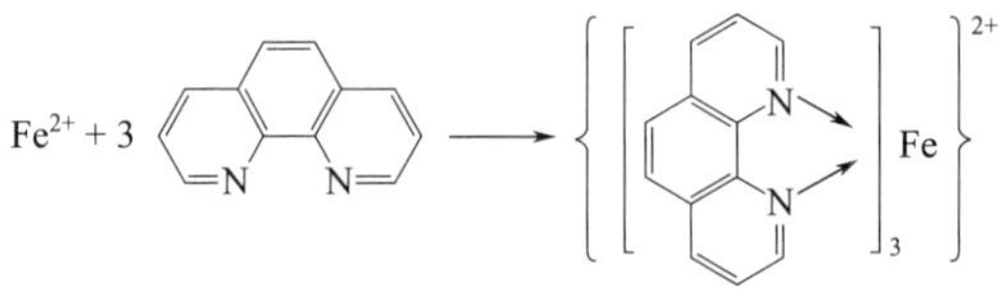

在 pH＝3～9 范围内，该反应能够迅速完成，生成的橙红色配位离子在 510nm 波长附近有一特征吸收峰，摩尔吸光系数为 1.1×10^4 L/(mol·cm)，反应十分灵敏，铁含量在 1.0～6μg/mL 范围符合朗伯-比尔定律，其吸收曲线如图 1 所示。浓度与吸光度（A）符合光吸收定律，适合于微量铁的测定。本实验采用标准曲线法进行测定。

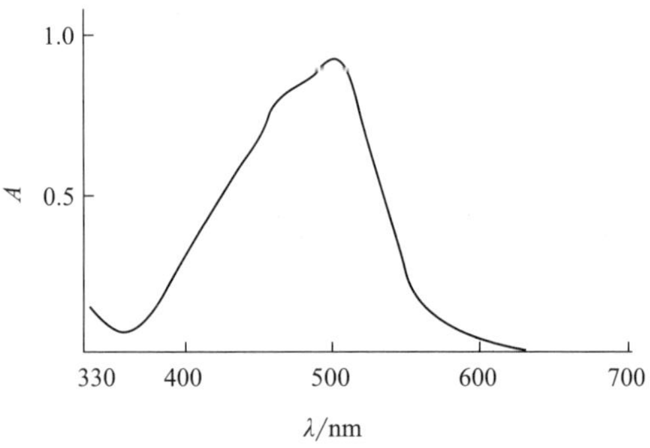

图 1 邻二氮菲-铁（Ⅱ）的吸收曲线

实验中，采用 pH＝4.5～5 的缓冲溶液保持标准系列溶液及样品溶液的酸度；采用盐酸羟胺还原标准储备液及样品溶液中的 Fe^{3+}，并防止测定过程中 Fe^{2+} 被空气氧化。

【仪器与试剂】

仪器：722S 型分光光度计，1cm 玻璃比色皿，容量瓶，吸量管，烧杯，移液管。

试剂：100.00μg/mL 铁标准溶液［准确称取 0.8634g 分析纯 $NH_4Fe(SO_4)_2\cdot12H_2O$，置于烧杯中，加 50mL 1mol/L HCl 溶解后转入 1L 容量瓶中，用水稀释到刻度，摇匀。从中吸取 50.00mL 加到 500mL 容量瓶，加 50mL 1mol/L HCl 溶液，用水稀释到刻度，摇匀］，10％盐酸羟胺溶液（临用时配制，称取 10g 盐酸羟胺溶于 100mL 水），1.5g/L 邻二氮菲［临用时配制，称取 1.5g 邻二氮菲，溶于约 20mL 乙醇（甲醇）中，转移至 1L 的烧杯中，以蒸馏水定容至 1L］，pH≈4.6 的 HAc-NaAc 缓冲溶液（将 30mL 冰醋酸和 30g 无水醋酸钠溶于 100mL 水中，稀释至 500mL），含铁 2～6μg/mL 铁试样溶液。

【实验步骤】

1. 标准系列溶液及样品溶液配制。用移液管吸取 100.00μg/mL 铁标准溶液 10.00mL 于 100mL 容量瓶中，加水稀释到刻度，摇匀，此标准溶液浓度为 10.00μg/mL。

在序号为 1～7 的 7 个容量瓶中，用吸量管分别准确加入 0mL，2.00mL，4.00mL，6.00mL，8.00mL，10.00mL 的 10.00μg/mL 铁标准溶液及试样溶液 10.00mL，再分别加入 10％盐酸羟胺 2.5mL，摇匀，稍等 2min，再各加入 5mL HAc-NaAc 缓冲溶液及 5mL 邻二氮菲溶液。每加入一种试剂后摇匀，再加另一种试剂，最后用水稀释至刻度，摇匀。

2. 吸收曲线绘制并选择测量波长。在分光光度计上，用 1cm 比色皿，以试剂空白溶液（1号）作为参比溶液，在波长 440～560nm 范围内，每隔 10nm 或 20nm 测 3 号铁标准溶液的吸光度 A（其中 490～530nm 范围内每隔 5nm 测一次，将数据记入表 1），然后以波长为横坐标，吸光度为纵坐标，绘制吸收曲线，并从曲线上找出最大吸收波长。

3. 标准曲线制作。在选定最大吸收波长处，以试剂空白溶液（1 号）作为参比溶液，用 1cm 比色皿，分别测定其他标准样品溶液（2～7 号）的吸光度，平行测定 3 次，计算吸光度平均值，记入表 2，以铁的浓度为横坐标，吸光度值为纵坐标，绘制标准曲线。

4. 试样中铁含量的测定。在相同条件下测量 7 号样品溶液的吸光度，平行测定三次，记录平均值于表 2 中。

【数据记录与处理】

1. 记录有关数据，绘制吸收曲线，从而选择测定铁的最大吸收波长。

2. 记录有关数据，绘制标准曲线，计算试液中铁的质量浓度。

根据 7 号样品溶液吸光度测定平均值，在坐标曲线上采用作图法求出其对应的浓度值，计算样品溶液中铁的含量。

表 1 最大吸收波长的测定

测定波长 λ/nm									
吸光度 A									
测定波长 λ/nm									
吸光度 A									
测定波长 λ/nm									
吸光度 A									

选择的最大吸收波长为：$\lambda_{max}=$ nm。

表 2 标准溶液和待测溶液吸光度值测定

铁标准溶液 $c_s=$							待测溶液
编号	1	2	3	4	5	6	7
加入标准溶液体积/mL	0.00						
浓度/(μg/mL)							
吸光度 A							

$c_x=$ mol/L。

【注意事项和维护】

1. 仪器开机预热后一定要等数值稳定后再测量。

2. 使用比色皿时要注意拿毛玻璃面，擦拭时要用吸水纸轻轻蘸干。

3. 比色皿内样品不得超过比色皿高度的 2/3，最佳为 1/2 到 2/3 之间。

4. 绘制标准曲线时，系列溶液按照浓度从小到大进行测定，每次测定之前要用蒸馏水冲洗，再用待测溶液润洗比色皿。

5. 紫外光区域测定只能使用石英比色皿。

思考题

1. 比色皿在换装不同浓度的溶液时，为什么要润洗？
2. 影响实验成败的关键因素有哪些？
3. 如何确定绘制标准曲线时的浓度范围？

实验 15　原子吸收法测定水中的铜含量

【实验引入】

1802 年，伍朗斯顿在研究太阳连续光谱时，发现太阳连续光谱中有暗线。1859 年，克希荷夫与本生在研究碱金属和碱土金属的火焰光谱时，发现钠蒸气发出的光通过温度较低的钠蒸气时，会引起钠光的吸收，并且根据钠发射线与暗线在光谱中位置相同这一事实，断定太阳连续光谱中的暗线，正是太阳外围大气圈中的钠原子对太阳光谱中的钠辐射吸收的结果。

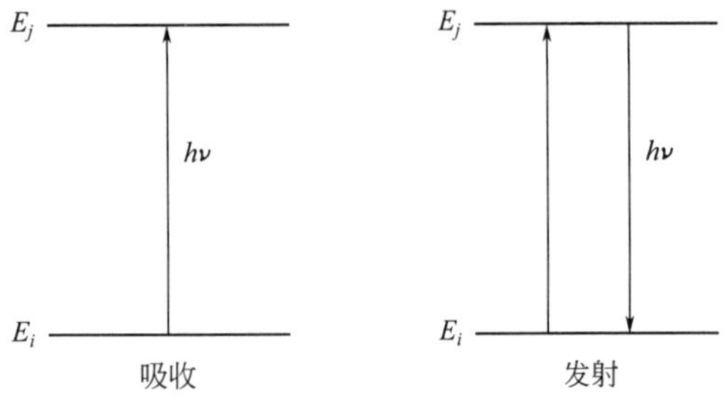

图 1　原子对光的吸收和发射示意图

原子吸收光谱法（AAS）是利用气态原子可以吸收一定波长的光辐射，使原子中外层的电子从基态跃迁到激发态的现象而建立的。每一种元素的原子不仅可以发射一系列特征谱线，也可以吸收与发射线波长相同的特征谱线，如图 1 所示。当光源发射的某一特征波长的光通过原子蒸气时，即入射辐射的频率等于原子中的电子由基态跃迁到较高能态（一般情况下都是第一激发态）所需要的能量频率时，原子中的外层电子将选择性地吸收其同种元素所发射的特征谱线，使入射光减弱。

由此，利用待测元素的空心阴极灯发射出特定波长的谱线，而根据吸收辐射的强度可作为定量依据对待测元素进行含量分析。AAS 现已成为无机元素定量分析中应用最广泛的一种分析方法。

【实验目标】

知识目标　理解原子吸收光谱法的基本原理。

技能目标　掌握火焰原子吸收光谱仪的操作技术。

价值目标　要想测定待测元素，就需要待测元素自身发射出特征光谱，解铃还须系铃人。

【实验原理】

原子吸收光谱法是根据物质产生的原子蒸气对特定波长光的吸收作用来进行定量分析的。当光源发射的某一特征波长的光通过原子蒸气时，原子中的外层电子将选择性地吸收其同种元素所发射的特征谱线，使入射光减弱。特征谱线因吸收而减弱的程度称吸光度 A，与被测元素的含量成正比：

$$A=Klc$$

式中，A 为吸光度；K 为吸收系数；l 为原子吸收层的厚度；c 为样品溶液中被测元素的浓度。

【仪器与试剂】

仪器：SP-3520AA 型原子吸收分光光度计，Cu 空心阴极灯，1L 容量瓶，100mL 容量瓶，吸量管，烧杯。

试剂：1000.00μg/mL 铜离子标准储备液（准确称取 1.0000g 金属铜，加入 6mol/L 硝酸溶解，总量不超过 37mL，移入 1L 容量瓶，加水稀释至刻度，摇匀），50.00μg/mL 铜离子标准工作溶液［吸取 50.00mL 铜标准储备溶液至 1L 容量瓶，用 1∶100（体积比）硝酸稀释至刻度，摇匀备用］。

【实验步骤】

1. 系列标准溶液配制。在 5 支 100mL 的容量瓶（编号为 1～5）中，分别加入 50μg/mL Cu 标准溶液 0.00mL、2.00mL、4.00mL、6.00mL、8.00mL，用 1∶100（体积比）的硝酸稀释至刻度，摇匀。

2. 实验条件。仪器条件参数设置见表 1。

表 1　仪器条件参数设置

参数	铜元素	参数	铜元素
工作灯电流 I/mA	3.0	燃烧器高度/mm	7.0
光谱通带 d/nm	0.4	燃烧器位置/mm	−0.5
负高压/V	259.20	吸收线波长/nm	324.80
空气压/MPa	0.24	主压表/MPa	0.5

3. 标准曲线制作和样品分析。根据所设定的实验条件，分别测定系列标准溶液的吸光度。

相同条件下，测定样品的吸光度，测定两次，求平均值。

【数据记录与处理】

测得实验数据记入表 2。

表 2　实验数据记录表

编号	1	2	3	4	5	样品 1	样品 2
加入标准溶液体积/mL	0.00	2.00	4.00	6.00	8.00	—	—
吸光度 A							
实际浓度 c/(μg/mL)							

根据测得的吸光度，以浓度为横坐标，吸光度为纵坐标，绘制标准曲线，计算样品浓度。

【注意事项和维护】

1. 待测样品必须是无色透明溶液，若有杂质或悬浮物，需要进行预处理。

2. 每测完一个样品，需要进样蒸馏水，再测定下一个样品。

3. 实验前仪器必须充分预热，实验结束，仪器的开关和旋钮均须复位。

4. 点火时，先开空气，后开乙炔；熄火时，先关乙炔，再关空气。

思考题

1. 当使用雾化器时，经常使用稀释硝酸作为溶剂。为什么硝酸是个较好的选择？
2. 什么是空心阴极灯？
3. 标准曲线上有异常点，是否需要全部重新测？

实验 16　红外分光光度法测定苯甲酸

【实验引入】

苯甲酸俗称安息香酸，是羧基直接与苯环碳原子相连接的最简单的芳香酸，以游离酸、酯或其衍生物的形式广泛存在于自然界中。其分子结构如图 1。苯甲酸外形呈针状或鳞片状结晶，主要存在于不同的松香酯、水果和浆果中，特别是越橘属种。同时，也存在于牛奶、牛奶产品以及动物组织和分泌腺中。苯甲酸微溶于水，易溶于乙醚、乙醇等有机溶剂，沸点 249℃，熔点 122.13℃，相对密度 1.2659（15/4℃）。在 100℃时迅速升华，它的蒸气有很强的刺激性，人吸入后易引起咳嗽。

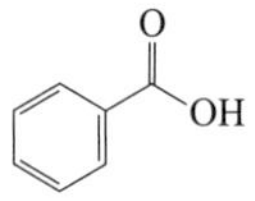

图 1　苯甲酸的分子结构

苯甲酸是化学工业，尤其是石油化学工业中重要的原料和产品，它广泛用于生产化妆品、医药中间体、食品添加剂及精细化工品。在食品工业中，苯甲酸及其钠盐、钾盐均可作为食品防腐剂、抗微生物剂，目前其消费量居我国防腐剂用量之首；在医药工业上，苯甲酸可用于生产泛影酸、醋碘苯酸、间硝基苯甲酸、3,5-二硝基苯甲酸、3,5-二氨基苯甲酸等；在染料工业上，用于生产媒染剂如 1,5-二羟基蒽醌、苯甲酰氰等。此外，苯甲酸还用于制造增塑剂，用作生产苯酚和己内酰胺的原料，也用于纤维处理。

红外分光光度法又称红外吸收光谱法，是依据物质对红外辐射的特征吸收而建立的一种定性、定量和结构分析的方法，属于分子吸收光谱法。由于物质分子发生振动和转动能级跃迁所需的能量较低，几乎所有的有机化合物在红外光区均有吸收。分子中不同官能团，在发生振动和转动能级跃迁时所需的能量各不相同，产生的吸收谱带的波长位置就成为鉴定分子中官能团特征的依据，其吸收强度则是定量检测的依据。红外分光光度法可用于分子结构的基础研究（测定分子键长、键角，推断分子的立体构型等），以及化学组成的分析（化合物的定性、定量分析），应用最广泛的是对未知毒物的结构分析、纯度鉴定。其缺点是灵敏度低，不宜进行微量成分的定量测定。

【实验目标】

知识目标　理解红外光谱法测定有机物结构的基本原理。

技能目标 掌握红外光谱分析固体样品的制备技术。

价值目标 通过指纹可以识别罪犯，同样地通过指纹区可以鉴别有机物；形成正确的实验观，以科学的态度对待实验。

【实验原理】

（1）将固体样品与卤化碱（通常是 KBr）混合研细，并压成透明片状，然后放到红外光谱仪上进行分析，这种方法就是压片法。压片法所用的碱金属的卤化物应尽可能地纯净和干燥，试剂纯度一般应达到色谱纯，可以用的卤化物有 NaCl、KCl、KBr、KI 等。由于 NaCl 的晶格能较大，不易压成透明薄片，而 KI 又不易精制，因此大多采用 KBr 或者 KCl 做样品载体。

（2）由于氢键的作用，苯甲酸通常以二分子缔合体的形式存在。只有在测定气态样品或非极性溶剂的稀溶液时，才能看到游离态苯甲酸的特征吸收（如图 2 所示）。用固体压片法得到的红外光谱中显示的是苯甲酸二分子缔合体的特征峰，在 2400～3000cm^{-1} 处是 O—H 伸缩振动峰，峰宽且散；由于受氢键和芳环共轭两方面的影响，苯甲酸缔合体的 C═O 伸缩振动吸收位移到 1700～1800cm^{-1} 区（而游离苯甲酸的 C═O 伸缩振动吸收在 1710～1730cm^{-1} 区），苯环上的 C═C 伸展振动吸收出现在 1480～1500cm^{-1} 和 1590～1610cm^{-1}，这两个峰是鉴别有无芳核存在的标志之一，一般后者峰较弱，前者峰较强。在 1050～1300cm^{-1} 存在 C—O 伸缩振动的强吸收峰，同时，在 940cm^{-1} 左右处是羧基上 C—OH 的弯曲振动。苯环 C—H 面外弯曲振动红外吸收在 730～770cm^{-1}、690～710cm^{-1} 有两个吸收峰，说明其为单取代的苯环物质。

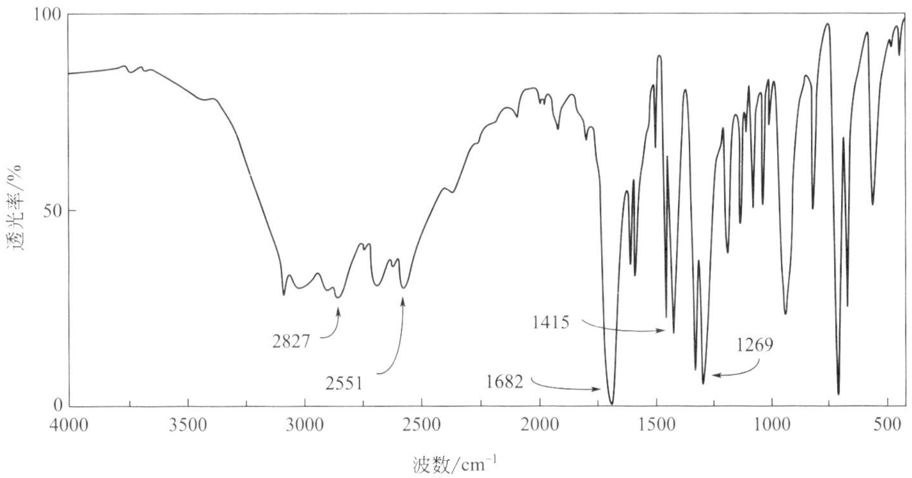

图 2 苯甲酸标准红外谱图

【仪器与试剂】

仪器：安捷伦 Cary 630 型傅里叶变换红外光谱仪及附件，KBr 压片模具及附件，玛瑙研钵，烘箱，压片机等。

试剂：苯甲酸（苯甲酸制备实验中学生制得的产品），KBr（分析纯），无水乙醇等。

【实验步骤】

1. 样品准备：学生在苯甲酸制备实验完成后，将制得的产品置于烘箱中烘 1～2h；将烘干后的样品置于干燥器中待用。

2. 更换采样附件（透射采样附件），按下 Cary 630 的电源按钮，持续 2s。预热仪器 20min，清洁样品接口，注意要用擦镜布轻擦。

3. 双击电脑软件“MicroLab PC”，设置方法（根据实验需要选择合适的方法），激活。

4. 取 1～2mg 干燥的苯甲酸样品和 100～200mg 干燥的 KBr，一并倒入玛瑙研钵中进行研磨直至混合均匀。

5. 取少许上述混合物粉末倒入压片模中压制成透明薄片，然后放到红外光谱仪上进行测试。清洁样品接口，注意要用擦镜布轻擦；点击采集背景光谱，然后点击采集样品光谱；命名输出文件，保存；得到一个红外光谱图。

6. 当仪器使用完毕，按下绿色的电源按钮关闭系统，LED 指示灯变为红色。

【数据记录与处理】

1. 在苯甲酸标样和试样的红外吸收光谱图上，标出各特征吸收峰的波数，并确定其归属。

2. 将苯甲酸试样光谱图与其标样光谱图进行对比，如果两张图谱上的各特征吸收峰及其吸收强度一致，则可认为该试样是苯甲酸。

【注意事项和维护】

1. 制得的晶片，必须无裂痕，局部无发白现象，如同玻璃般完全透明，否则应重新制作。晶片局部发白，表示压制的晶片厚薄不匀；晶片模糊，表示吸潮，在光谱图 $3450cm^{-1}$ 和 $1640cm^{-1}$ 处出现水的吸收峰。

2. 当软件正在载入时指示灯会在红色和绿色之间闪烁，这个过程应该不超过 15s，当 LED 指示灯持续变亮绿色，表示仪器已经可以使用。

思考题

1. 测定苯甲酸的红外光谱，还可以用哪些制样方法？
2. 影响样品红外光谱图质量的因素是什么？
3. 红外吸收光谱分析，对固体试样的制片有何要求？

实验 17　气相色谱法测定醇系物

【实验引入】

1906 年，俄国植物学家茨维特在研究植物色素的过程中，做了一个经典的实验：在一根玻璃管的狭小端塞上一小团棉花，在管中填充沉淀碳酸钙，这就形成了一个吸附柱，然后将其与吸滤瓶连接，使绿色植物叶子的石油醚抽取液自柱中通过。结果植物叶子中的几种色素便在玻璃柱上展开：留在最上面的是两种叶绿素，绿色层下面接着叶黄质，随着溶剂跑到吸附层最下层的是黄色的胡萝卜素。如此则吸附柱成了一个有规则的与光谱相似的色层。如

图 1 所示。接着他用纯溶剂淋洗，使柱中各层进一步展开，达到清晰的分离。然后把该潮湿的吸附柱从玻璃管中推出，依色层的位置用小刀切开，于是各种色素就得以分离。再以醇为溶剂将它们分别溶下，即得到了各成分的纯溶液。

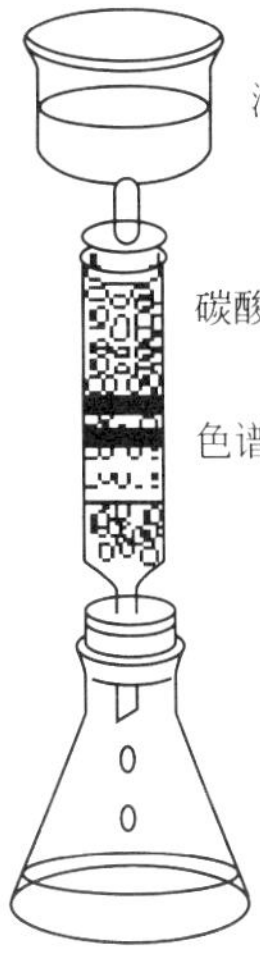

图 1　植物色素分离模型

茨维特在他的原始论文中，把上述分离方法叫作色谱法（Chromatography），把填充 $CaCO_3$ 的玻璃柱管叫作色谱柱（Column），把其中的具有大表面积的 $CaCO_3$ 固体颗粒称为固定相（Stationary Phase），把推动被分离的组分（色素）流过固定相的惰性流体（上述实验用的是石油醚）称为流动相（Mobile Phase），把柱中出现的有颜色的色带叫做色谱图（Chromatogram）。色谱分析法实质上是一种物理化学分离方法，即利用不同物质在两相（固定相和流动相）中具有不同的分配系数（或吸附系数），当两相做相对运动时，这些物质在两相中反复多次分配（即组分在两相之间进行反复多次的吸附、脱附或溶解、挥发过程），从而使各物质得到完全分离。

在色谱分析方法中，以气体为流动相的柱色谱法称为气相色谱法（Gas Chromatography，GC）。气相色谱法已有 50 多年的发展历史，目前已成为一种成熟且应用广泛的分离复杂混合物的分析技术，在石化分析、药物分析、食品分析、环境分析、高聚物分析等领域均拥有广泛应用，是工业、农业、国防、建设、科学研究中的重要工具。

【实验目标】

知识目标　学习归一化定量的基本原理及测定方法。

技能目标　掌握色谱操作技术。

价值目标　色谱法的发展历程告诉我们要站在巨人的肩膀上，善于学习，善于总结，善于提高，提出自己的观点，大胆创新。

【实验原理】

1. 定性分析。色谱定性分析的任务是确定色谱图上每个峰代表什么组分。定性分析的依据是每个峰的保留值。

在相同的色谱条件下，将样品和标准物质分别进行色谱分析，分别测定各组分的保留值。保留值相同，可认为二者是同一物质。这种方法要求色谱条件稳定，保留值测定准确。

2. 定量分析。在确定各个色谱峰所代表的组分后，即可对组分进行定量分析。色谱定量分析的依据是待测组分的质量（m）与检测器的响应信号（峰面积 A 或峰高 h）成正比：

$$m_i = f_i A_i \quad 或 \quad m_i = f_i h_i$$

式中，f_i 为绝对校正因子。

3. 校正面积归一化法。校正面积归一化法是气相色谱定量分析中较简单且最常用的方法，使用校正面积归一化法进行定量分析有两个前提：要求试样中的组分在所使用的色谱柱中能得到完全分离；分离后的组分在检测器上均能产生相应的响应信号，绘出其色谱峰。组分 i 物质的质量分数 W_i 的计算公式为

$$W_i = \frac{m_i}{\sum_{i=1}^{n} m_i} \times 100\%$$

由于 $m_i=f'_iA_i$，即

$$W_i=\frac{f'_iA_i}{\sum_{i=1}^{n}f_iA_i}\times 100\%$$

校正面积归一化法操作计算简便，定量结果与进样量无关。

乙酸乙酯、乙醇、正丙醇及可能含有的水分称为醇系物，可以采用气相色谱法进行分析，用 FID 检测器，采用归一化法定量。

【仪器与试剂】

仪器：GC1100 型气相色谱仪（带 FID 检测器），色谱工作站，毛细色谱柱，氮气钢瓶，空气压缩机，氢气，发生器，1μL 微量进样器。

试剂：乙酸乙酯，乙醇，正丙醇（以上均为色谱纯），未知混合样。

【实验步骤】

1. 仪器准备

（1）通过仪器操作面板选择前或后进样器（按对应的数字进入），设置所需的温度（按方向键至要设置的位置，按编辑键后输入温度，按确定键确定设置完成）。按方向键移动到温度加热控制开关，按右键打开加热开关，按返回键回到主界面，同理，按对应的数字键进入柱箱和检测器界面，设置柱箱和检测器温度。

（2）色谱条件：柱温，75℃；检测器温度，105℃；进样温度，105℃；检测器为 DET/A。载气：开启 N_2，调节压力为 0.3～0.4MPa，吹扫约 20min；开启氢气、空气调节压力。按上述色谱条件控制有关操作条件，直到仪器稳定，基线平直方可实验。

（3）待所有温度升到设置温度。如果使用火焰离子化检测器（FID 检测器），则进入 FID 检测器界面选择 A 路点火开关，方向键右键点火（可以用不锈钢扳手放在检测器出口，观察是否有水汽，有水汽说明点着火）。

（4）在电脑上打开 N2000 在线工作站选择通道 1（通道 1 为 FID 检测器信号通道）。点击数据采集进入数据采集界面，点击查看基线（可左右拖动鼠标），此时左下角会显示红色的电压值和时间值，通过设置电压范围和时间范围可更方便地查看基线状态。待基线稳定后，用进样针在相应的进样口进样，同时点击软件上的开始采集，待样品峰全部出完后点击停止采集，此时会弹出数据保存路径的窗口，输入样品名称，保存路径即可。

（5）打开离线工作站，打开数据保存的文件夹，选择需要打开的数据文件，此时便能看到色谱图，可预览查看色谱图的峰面积等数据。

2. 纯样保留时间测定。用微量进样器分别吸取乙酸乙酯、乙醇、正丙醇纯样 1μL，直接由进样口注入色谱仪，测定各样品的保留时间，记录入表 1。

3. 混合物的分析。用微量进样器吸取混合物样品 1μL 注入色谱仪，连续记录各组分的保留时间、峰高和峰面积，记录于表 1。

4. 关机。关闭所有的加热开关，仪器温度开始下降，当操作面板上进样器和检测器温度均降到 100℃以下，柱箱降到 50℃以下时，关闭所有气体开关阀，关闭仪器电源。

【数据记录与处理】

1. 将未知混合物试样各组分色谱峰的调整保留时间与已知纯样进行对照，对各色谱峰所代表的组分作出定性分析。

2. 用归一化法计算混合物试样中各组分的质量分数。

表 1 实验数据记录表

项目		保留时间/s	峰高	半高峰宽	峰面积	质量分数/%
标准样品	乙醇					
	乙酸乙酯					
	正丙醇					
待测样液	组分 1					
	组分 2					
	组分 3					

实验测得待测样液组分为：

组分 1 为______，其含量为______；

组分 2 为______，其含量为______；

组分 3 为______，其含量为______。

【注意事项和维护】

1. 测定时，取样要准确，进样要迅速。
2. 测定时要严格控制实验条件恒定。
3. 采用校正面积归一化法定量，进样量差别相差太多，会影响色谱峰的分离度。

思考题

1. 使用校正面积归一化法进行色谱定量分析时必须具备什么条件？
2. 进样量准确与否对归一化法的结果有影响吗？
3. 气相色谱仪关机时需要注意什么？

扫码看视频

第3章

项目化教学实验

项目化教学是师生通过共同实施一个完整的项目工作而进行的教学活动，是OBE(Outcome Based Education，OBE）教育理念，又称为成果导向教育教学法的一种。实施项目教学，教师需要事先计划好项目的任务及评价标准，学生按照合作学习的模式一起从事学习活动，共同完成教师分配的学习任务。

合作学习小组一般由4～6人组成。由于学生家庭、社会背景、已有基础知识和技能、学习态度等方面的差异，同一班级的学生，有的学习主动性强，求知欲望强烈，有的喜欢等待老师的安排、照单抓药，缺乏主动学习的欲望，习惯被动地等待教师布置学习任务。所以结合学生的这些不同特质，合作学习小组要根据学习的内容并综合学生的学习基础、能力、特长、性别等因素，按照“互补互助，协调发展”的原则进行划分和组合，建立异质性学习小组，并在必要时做出调整。

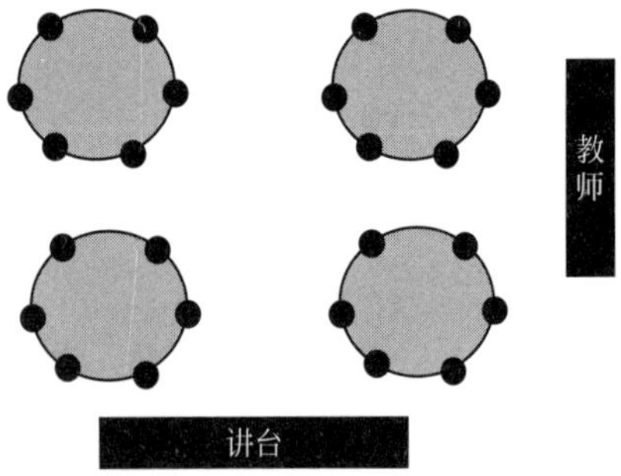

图3-1 按同心圆方式围坐的合作学习小组

合作学习小组的划分一般由老师完成，小组长参与调整。合作学习小组的组长必须具有一定的组织能力和一定威望，能合理地安排、分配任务，并能调动每个组员的学习积极性，可由大家投票选出。一般组长在一门课程中固定不变。组员3～5人，由学习成绩、性别、积极者和被动者、外向性格者和内向性格者组成。

项目化教学实施流程为老师将项目任务下达给合作学习小组，小组按照同心圆的方式安排就座，如图3-1所示。

基于合作学习的项目化教学过程如图3-2所示，主要分为三阶段，包括项目准备阶段、项目实施阶段、项目评价阶段。

实验过程按照两条主线进行，要求老师是“导演”，确定实验项目，分解项目任务，发布任务，指导与评价方案，准备实验，指导方案实施过程，考核任务和项目完成情况；要求学生是“演员”，学生接受任务，通过小组合作学习，查阅相关资料，讨论设计方案，实施方案，撰写报告，汇报总结提升，共同完成任务，并完成学生作品［包括方案报告PPT(演示文稿)、数据记录、总结PPT、打分情况等］。

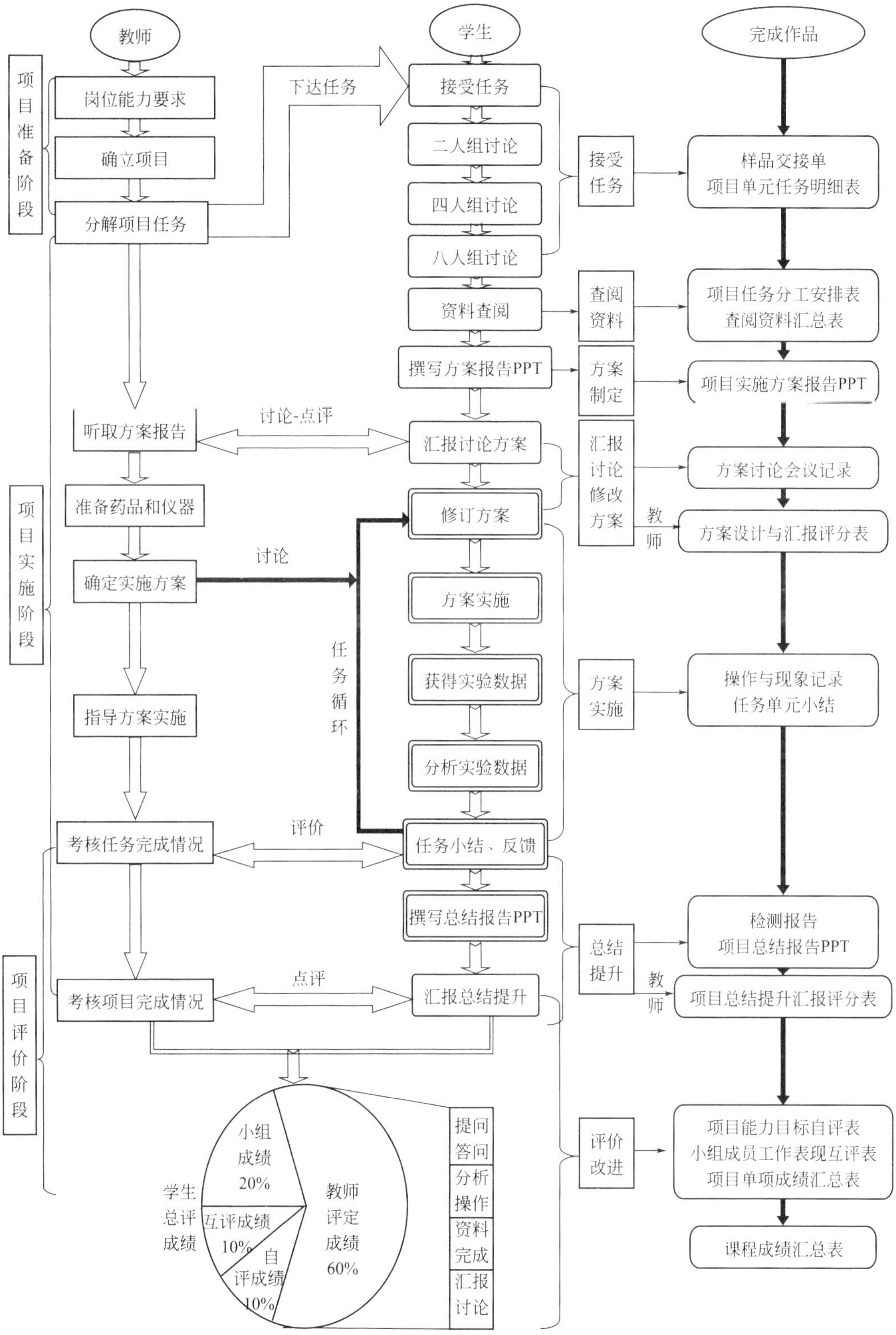

图 3-2 项目化教学实施流程

实验 18　酸碱滴定——混合碱的分析（双指示剂法）

任务 1　接受检验任务

【任务目标】

知识目标　学生能按要求接收样品，并准确填写样品交接单。

技能目标　讨论确定混合碱含量测定的工作任务与分工。

价值目标　培养学生养成独立思考、团队协作精神。

【实施过程】

1. 教师提交测试样品、检测需求和学习目标任务，并提供资讯素材或目录；组织学生查阅资料、分小组讨论、组与组间交流，使学生得出分析检测具体方案，推荐代表陈述，引导学生总结。其中，教师需要在实验前完成以下内容。

（1）准备混合碱样品，并提供样品的信息（食用碱的主要成分为 Na_2CO_3，但常含有少量的 $NaHCO_3$、NaCl 等）。

（2）强调被检样规格：普通食用碱。

（3）提示学生观察样品外观和填写样品接收单：白色粉末，无味。

（4）检测需求：准确分析食用碱的有效成分含量和杂质含量，并提供原始数据和检测报告。

2. 学生按照教师提出的任务，小组内讨论，小组间交流，详细填写样品接收单。

3. 学生借助教师提供的参考资料查阅混合碱成分组成情况，区分混合碱各成分，并从中确定混合碱的测定方法，完成测定任务流程图，确定混合碱测定方案。

【任务要求】

1. 完成学生作品 1 和学生作品 2(见附录 3)。

2. 制作方案 PPT(内容参照表 1，PPT 制作要求见附录 2)。

表 1　方案报告关键问题

酸碱滴定：工业纯碱的成分与含量分析（双指示剂法）

序号	关键问题	备注
1	工业纯碱的成分、性质与用途	
2	碳酸钠、碳酸氢钠的基本理化性质	
3	工业上制备纯碱的方法	
4	工业纯碱主要成分、杂质的分析检测方法	
5	工业纯碱中杂质除去方法	
6	工业纯碱含量的测定流程图	
7	双指示剂法、混合指示剂法的区别	
8	指示剂的选择方法	

续表

序号	关键问题	备注
9	甲基橙、酚酞指示剂的性质	
10	什么是滴定突跃？滴定突跃与化学计量点的区别	
11	混合碱可能由哪些成分组成？其计算公式分别是什么？	

任务2 方案汇报与评价

【任务目标】

知识目标 熟悉碳酸钠、碳酸氢钠的基本理化性质。

技能目标 熟悉本组方案内容。

价值目标 通过PPT汇报培养学生表达能力和自信心。

【实施过程】

1. 各组的项目汇报人汇报混合碱含量测定的方案PPT。
2. 其他组同学提问。
3. 各组学生评委完成方案汇报小组互评评分表，老师点评并完成方案汇报评分表，完成学生作品4（见附录3）。
4. 各组秘书完成汇报及答辩记录表，完成学生作品5（见附录3）。

任务3 盐酸标准溶液的配制与标定

【任务目标】

知识目标 学会将浓盐酸稀释成0.1mol/L稀盐酸的方法。

技能目标 掌握用基准物质标定盐酸标准溶液的原理和方法；掌握称量无水碳酸钠的方法。

价值目标 通过实验过程锻炼学生的动手能力。

【实施过程】

1. 称量无水碳酸钠标准物质。
2. 用无水碳酸钠标准物质标定稀盐酸。
3. 做好相关数据的记录（如拍照）、计算与误差分析等数据处理。

【方法提要】

1. 实验原理。标定盐酸的基准物质常用碳酸钠和硼砂等，本实验采用无水碳酸钠作为基准物质，以甲基橙作指示剂，终点时颜色由黄色变成橙色。

用 Na_2CO_3 标定时反应为

$$2HCl+Na_2CO_3 \longrightarrow 2NaCl+H_2O+CO_2\uparrow$$

2. 溶液准备单（见表2）。

表2 盐酸标定溶液准备清单

序号	溶液名称	浓度	参考用量	配制方法
1	无水碳酸钠	—	0.12～0.14g	采用在270～300℃灼烧至恒重的基准无水碳酸钠(具体配制方法见分析步骤)
2	甲基橙指示剂	—	1～2滴	
3	盐酸待标定溶液	0.1mol/L		用小量筒取38%浓盐酸3.6mL,加水稀释至400mL混匀即得

3. 仪器清单（见表3）。

表3　盐酸标定仪器准备清单

分类	名称规格	数量	分类	名称规格	数量
公用(共用一份)	电子分析天平	1	个人用(人均一份)	玻璃棒、胶帽滴管	1
	称量瓶	1		锥形瓶 250mL	3
个人用(人均一份)	酸式滴定管	1		洗瓶	1

4. 分析步骤。称取在270～300℃干燥至恒重的基准无水碳酸钠（$M=105.99$g/mol）0.12～0.14g（称准至0.0001g），准确称取3份，分别置于250mL锥形瓶中，用25mL蒸馏水溶解，加甲基橙指示剂1～2滴，用0.1mol/L盐酸溶液滴定至溶液由黄色变为橙色，加热煮沸2min不变色，记下所消耗的标准溶液的体积。平行测定3次，同时做空白实验。以上平行测定3次的算术平均值为测定结果，将实验数据记入表6。

5. 结果计算

$$c_{HCl}=\frac{m\times 1000}{(V_1-V_0)\times 52.99}$$

式中，m为基准无水碳酸钠的质量，g；V_1为盐酸溶液的用量，mL；V_0为空白实验中盐酸溶液的用量，mL；52.99为$1/2Na_2CO_3$摩尔质量，g/mol；c_{HCl}为盐酸标准溶液的浓度，mol/L。

【任务要求】

1. 记录实验现象（登记、拍照、录像）。

2. 完成原始数据记录（学生作品6）。

任务4　混合碱的测定

【任务目标】

知识目标　掌握双指示剂法测定食用碱中Na_2CO_3、$NaHCO_3$含量的原理和方法。

技能目标　掌握双指示剂法确定终点的方法。

价值目标　通过实验过程锻炼学生合作完成任务的能力。

【实施过程】

1. 以酚酞作指示剂滴定混合碱试样。

2. 以甲基橙作指示剂滴定混合碱试样。

3. 做好相关数据的记录（如拍照）、计算与误差分析等数据处理。

【方法提要】

1. 实验原理。在混合碱的试液中加入酚酞指示剂，用HCl标准溶液滴定至溶液呈微红色，Na_2CO_3被滴定成$NaHCO_3$。此时是第一个化学计量点，pH＝8.31。反应方程式如下：

$$Na_2CO_3+HCl = NaHCO_3+NaCl$$

再加入甲基橙指示剂，继续用HCl标准溶液滴定至溶液由黄色变为橙色即为终点，此时$NaHCO_3$被中和成H_2CO_3，此时是第二个化学计量点，pH＝3.88。反应方程式如下：

$$NaHCO_3+HCl = NaCl+H_2O+CO_2\uparrow$$

2. 溶液准备单（见表4）。

表4 混合碱测定溶液准备清单

序号	溶液名称	浓度	用量
1	HCl标准溶液	0.1mol/L	
2	酚酞指示剂	0.1%	1~2滴
3	甲基橙指示剂	0.1%	1~2滴

3. 仪器清单（见表5）。

表5 混合碱测定仪器准备清单

<table>
<tr><th>分类</th><th>名称规格</th><th>数量</th><th>分类</th><th>名称规格</th><th>数量</th></tr>
<tr><td rowspan="5">公用(共用一份)</td><td>电子分析天平</td><td>2</td><td rowspan="5">个人用(人均一份)</td><td>酸式滴定管</td><td>1</td></tr>
<tr><td>移液管25mL</td><td>1</td><td>洗瓶</td><td>1</td></tr>
<tr><td>称量瓶</td><td>1</td><td>容量瓶250mL</td><td>1</td></tr>
<tr><td>吸量管5mL</td><td>2</td><td>锥形瓶250mL</td><td>3</td></tr>
<tr><td></td><td></td><td>烧杯100mL</td><td>1</td></tr>
</table>

4. 分析步骤

(1) 准确称取食用碱样品约1.6g，放入100mL烧杯中，加入少许蒸馏水使之溶解，必要时可稍微加热加快溶解。待冷却后将溶液全部转移到250mL容量瓶中，定容，摇匀。

(2) 用移液管移取25.00mL上述配制好的食用碱溶液，置于250mL锥形瓶中，加入1~2滴酚酞指示剂。用0.1mol/L HCl标准溶液滴定至红色刚好消失（或呈微红色），记录HCl用量V_1。

(3) 再加入1~2滴甲基橙指示剂，用HCl继续滴定到溶液由黄色变橙色，记录HCl用量V_2。

(4) 计算试样中$w_{(Na_2CO_3)}$、$w_{(NaHCO_3)}$、$w_{(总碱量)}$，平行测定三次。上述实验数据记入表7。

5. 结果计算。数据结果用公式表示为

$$w_{(Na_2CO_3)}=\frac{2\times\frac{1}{2}V_1c_{(HCl)}M_{(Na_2CO_3)}}{m_s\times\frac{25.00mL}{250.0mL}\times1000}\times100\%$$

$$w_{(NaHCO_3)}=\frac{(V_2-V_1)c_{(HCl)}M_{(NaHCO_3)}}{m_s\times\frac{25.00mL}{250.0mL}\times1000}\times100\%$$

以Na_2CO_3表示的总碱量按下式计算：

$$w_{(总碱量)}=\frac{\frac{1}{2}(V_2+V_1)c_{(HCl)}M_{(Na_2CO_3)}}{m_s\times\frac{25.00mL}{250.0mL}\times1000}\times100\%$$

式中，m_s为食用碱样品的质量，g；$c_{(HCl)}$为HCl标准溶液浓度，mol/L；V_1为以酚酞为指示剂时消耗的HCl标准溶液的体积，mL；V_2为以甲基橙为指示剂时消耗HCl标准溶液的体积，mL；$M(Na_2CO_3)$ 为 Na_2CO_3 的摩尔质量，g/mol；$M(NaHCO_3)$ 为 $NaHCO_3$ 的摩尔质量，g/mol。

【任务要求】

1. 记录实验现象（登记、拍照、录像）。

2. 做好相关数据的记录和处理，完成学生作品 6。

学生作品 6　数据原始记录表

表 6　盐酸标准溶液的配制与标定原始数据

项目		数据记录					备注
浓盐酸的粗浓度/(mol/L)							拍照
量取体积/mL							拍照
稀释后稀盐酸浓度/(mol/L)							—
标定	标定	编号				空白	拍照
	编号	1	2	3	4	0	拍照
	无水碳酸钠质量 m/g					0.0000	拍照
	V_{HCl}终读数/mL						拍照
	V_{HCl}初读数/mL						拍照
	V_{HCl}/mL					$V_{空白}=$	—
	$V_{校正HCl}=V_{HCl}-V_{空白}$					—	—
	c_{HCl}/(mol/L)					—	—
	$c_{平均HCl}$/(mol/L)					—	—
	相对平均偏差					—	—

表 7　食用碱中 Na_2CO_3、$NaHCO_3$ 含量的测定原始数据

项目	编号				现象	备注
	1	2	3	4		
c_{HCl}/(mol/L)					—	—
$V_{混合碱}$/mL					—	拍照
V_{HCl}第一次终点读数/mL					颜色变化：	拍照
V_{HCl}初读数/mL					终点颜色：	拍照
V_1/mL					—	—
$w(Na_2CO_3)$/%					—	—
Na_2CO_3 平均质量分数/%					—	—
V_{HCl}第二次终点读数/mL					颜色变化：	拍照
V_{HCl}初读数/mL					终点颜色：	拍照
V_2/mL					—	—
$w(NaHCO_3)$/%					—	—
$NaHCO_3$ 平均质量分数/%					—	—
w 总碱量/%					—	—

任务5 总结与提升报告

【任务目标】

知识目标 总结分析检测结果并根据标准进行评价和知识拓展提升。

技能目标 熟悉本组方案内容。

价值目标 通过PPT汇报培养学生表达能力和自信心。

【实施过程】

教师提出总结提升要求→学生整理原始数据和计算过程→与标准或测试要求对比→制作总结PPT→提交给老师，老师提出修改意见→学生修改→汇报PPT→学生讨论和评价→老师点评→学生记录→修改并上交。

【任务要求】

1. 制作总结PPT，制作要求见附录2；
2. 做好组内答辩记录，完成学生作品8(见附录3)；
3. 做好打分记录，完成学生作品9、10、11(见附录3)；
4. 计算小组同学贡献值，完成学生作品12(见附录3)。

【总结与提升PPT报告要求】

1. 浓盐酸的稀释方法，盐酸标定、双指示剂法测定过程的注意事项；
2. 个人的测定结果与小组测定平均值的对比表；
3. 个人测定值、小组平均值与标准的对比表及判断评价；
4. 分析超标或不合格的原因；
5. 误差或错误的解决方法；
6. 复杂混合碱测定过程拓展。

【实验注意事项】

1. 在第一终点滴定完后的锥形瓶中加甲基橙，立即滴定测V_2。千万不能在三个锥形瓶先分别滴定测出V_1，再分别滴定测出V_2。

2. 滴定第一终点时酚酞指示剂可适当多滴几滴，以防$NaHCO_3$滴定不完全而使$NaHCO_3$的测定结果偏低，Na_2CO_3的测定结果偏高。

3. 临近第二终点时，一定要充分摇动，以防止形成CO_2的过饱和溶液而使终点提前到达。

思考题

1. 为什么标准溶液装入洗净的滴定管前要用该溶液润洗3次？滴定用的锥形瓶是否也要同样处理？

2. 滴定完一份试液后，若滴定管中还有足够的标准溶液，是否可以继续滴定下去，不必添加到“0.00”附近再滴下一份？

3. 取两份相同的混合碱溶液，一份以酚酞为指示剂，另外一份以甲基橙为指示剂滴定至终点，哪一份消耗的盐酸体积多？为什么？

扫码看视频

实验 19 水硬度的测定

任务 1 接受检验任务

【任务目标】

知识目标 学生能按要求接收样品，并准确填写样品交接单。

技能目标 讨论确定水硬度测定的工作任务与分工。

价值目标 培养学生养成独立思考及动手能力、团队协作精神。

【实施过程】

1. 教师提出本实验的学习目标任务，并提供资讯素材或目录，通过组织学生查阅资料、分小组讨论、组与组间交流，得出结论，推荐代表陈述，引导学生总结。

教师需要在实验前完成以下内容。

（1）提出水硬度的概念。

（2）介绍水硬度的主要离子，如何测定。

2. 学生按照老师提出的任务，研读样品交接单，小组内讨论，小组间交流，详细填写样品接收单。

3. 学生借助教师提供的参考资料查阅决定水硬度的主要离子及其测定方法，并从中确定硬度测定过程，完成测定任务流程图，确定水硬度的测定方案。

【任务要求】

1. 完成学生作品 1 和学生作品 2（见附录 3）。

2. 制作方案 PPT（内容参照表 1，PPT 制作要求见附录 2）。

表 1 水硬度的测定方案报告关键问题

序号	关键问题	备注
1	自来水检测的理化生指标有哪些？	
2	自来水的制备工艺流程	
3	EDTA 的结构、性质与用途有哪些？	
4	标定 EDTA 的基准物质有哪些？	
5	减小自来水硬度的方法有哪些？	
6	自来水硬度的测定流程图	
7	硬度的表示方法有哪几种？其单位分别是什么？	
8	金属指示剂的选择方法	
9	什么是缓冲溶液？pH＝10 的缓冲溶液的配制方法是什么？	
10	铬黑 T 指示剂的性质与变色特性	
11	硬度的计算公式是什么？	

任务 2 方案汇报与评价

【任务目标】

知识目标 熟悉水硬度的概念及其测定方法。

技能目标 熟悉本组方案内容。

价值目标 通过 PPT 汇报培养学生的表达能力和自信心。

【实施过程】

1. 各组的项目汇报人汇报水硬度测定的方案 PPT。

2. 其他组同学提问。

3. 各组学生评委完成方案汇报小组互评评分表，老师点评并完成方案汇报评分表，完成学生作品 4（见附录 3）。

4. 各组秘书完成汇报及答辩记录表，完成学生作品 5（见附录 3）。

任务 3 EDTA 标准溶液的配制与标定

【任务目标】

知识目标 学习 EDTA 标准溶液的配制和标定方法。

技能目标 掌握配位滴定的原理，了解配位滴定的特点。

价值目标 通过实验过程锻炼学生的实践操作能力。

【实施过程】

1. EDTA 标准溶液的配制。

2. EDTA 标准溶液的标定方法。

3. EDTA 标准溶液的配制和标定方法任务流程图。

【方法提要】

1. 实验原理。EDTA 标准溶液的标定可用 $CaCO_3$ 基准物。首先可加 HCl 溶液与之作用，其反应如下：

$$CaCO_3 + 2HCl \xlongequal{} CaCl_2 + H_2O + CO_2 \uparrow$$

然后把溶液转移到容量瓶中并用水稀释，制成钙标准溶液。吸取一定量钙标准溶液，调节酸度至 pH≥12，用钙指示剂作指示剂以 EDTA 溶液滴定至溶液从酒红色变为纯蓝色（具体变色原理同水的硬度测定实验原理），即为终点。反应过程如下：

$$EDTA + Ca^{2+} \longrightarrow Ca\text{-}EDTA$$

通过消耗的 EDTA 溶液体积即可算得 EDTA 标准溶液的浓度。

2. 溶液准备清单（见表 2）。

表 2 EDTA 标定溶液准备清单

试剂名称	浓度	试剂名称	浓度
EDTA	0.01mol/L 左右	NaOH	2mol/L
盐酸溶液	1∶1(体积比)	$CaCO_3$	固体(AR)
钙指示剂			

3. 仪器清单（见表 3）。

表 3 EDTA 标定仪器准备清单

分类	名称规格	数量	分类	名称规格	数量
公用(共用一份)	电子分析天平	2	个人用(人均一份)	洗瓶	1
	移液管 25mL	2		容量瓶 250mL	1
	称量瓶	1		锥形瓶 250mL	3
	吸量管 5mL	2		烧杯	2
个人用(人均一份)	酸式滴定管	1		表面皿	1

4. 分析步骤

（1）EDTA 标准溶液的配制：在电子分析天平上称取 3.8g 左右乙二胺四乙酸钠，溶于 300～400 mL 温水中后稀释至 1L，将数据记入表 6。

（2）钙基准溶液的配制：准确称取在 110℃ 干燥至恒重的基准物质 $CaCO_3$ 0.2～0.3g（精确至 0.0001g）于烧杯中，加水数滴润湿，盖以表面皿，从烧杯嘴慢慢加入 1∶1 HCl 至 $CaCO_3$ 完全溶解，加热至沸，用蒸馏水把可能溅到表面皿上的溶液洗入杯中，待冷却后移入 250mL 容量瓶中，用纯水稀释至刻度后摇匀。

（3）EDTA 标准溶液的标定：吸取 25.00mL 钙基准溶液于锥形瓶中，加水 25mL 稀释，加入 10% NaOH 溶液 5mL 调节溶液 pH 为 12，加入米粒大小（0.01g）的钙指示剂，用 EDTA 标准溶液滴定，溶液由酒红色转变为纯蓝色即为终点。平行测定三次，将数据记入表 7。

5. 原始记录单

（1）记录实验现象（登记、拍照、录像）。

（2）完成原始数据记录（学生作品 6）。

任务 4 水总硬度的测定

【任务目标】

知识目标 掌握 EDTA 测定水中钙、镁含量的原理和方法。

技能目标 掌握配位滴定确定终点的方法。

价值目标 通过实验过程锻炼学生合作完成任务的能力。

扫码看视频

【实施过程】

1. 按照拟定的检测方案测定水硬度。

2. 做好相关数据的记录（如拍照）、计算与误差分析等数据处理。

【方法提要】

1. 实验原理。水的总硬度可由 EDTA 标准溶液的浓度 c_{EDTA} 和其消耗的体积 V_1(mL) 来计算。以 CaO 计，单位为 mg/L。

水中 Ca^{2+}、Mg^{2+} 的总含量被称为水的总硬度，简称硬度。水的硬度的测定方法很多，最常见的是 EDTA 配位滴定法。该方法是在 pH＝10.0 的氨性缓冲溶液中，以铬黑 T 为指示剂，用 EDTA（乙二胺四乙酸，常用其二钠盐，以 H_2Y^{2-} 表示）标准溶液滴定水中的 Ca^{2+}、Mg^{2+}。铬黑 T(HIn^{2-}) 可与水中的 Ca^{2+}、Mg^{2+} 生成红色配合物，但该配合物不及 EDTA 与 Ca^{2+}、Mg^{2+} 生成的配合物稳定。因此，当水样中滴入 EDTA 后，EDTA 首先与游离的

Ca^{2+}、Mg^{2+}形成配合物，然后从指示剂配合物中夺取Ca^{2+}、Mg^{2+}形成点。根据EDTA的用量及浓度，可计算出水的总硬度。上述反应过程可表示为

$$Mg^{2+}+HIn^{2-}=\!=\!=MgIn^{-}+H^{+}$$

$$Ca^{2+}+HIn^{2-}=\!=\!=CaIn^{-}+H^{+}$$

（蓝色）　　（红色）

$$Ca^{2+}+H_2Y^{2-}=\!=\!=CaY^{2-}+2H^{+}$$

$$Mg^{2+}+H_2Y^{2-}=\!=\!=MgY^{2-}+2H^{+}$$

（无色）　　（无色）

$$CaIn^{-}+H_2Y^{2-}=\!=\!=CaY^{2-}+HIn^{2-}+H^{+}$$

$$MgIn^{-}+H_2Y^{2-}=\!=\!=MgY^{2-}+HIn^{2-}+H^{+}$$

（红色）（无色）　　（无色）　　（蓝色）

在pH=10的条件下，用EDTA溶液配位滴定钙和镁离子，作为指示剂的铬黑T与钙和镁形成紫红或者紫色溶液。滴定中，游离的钙与镁离子首先与EDTA反应，到达终点时溶液的颜色变为亮蓝色。本法适用于检测地下水和地面水，不适用于测定含盐高的水，如海水。

2. 试剂准备单（见表4）。

表4　水硬度测定试剂准备清单

名称规格	数量	名称规格	数量
EDTA标准溶液	500mL	10%NaOH溶液	1份
$NH_3\cdot H_2O$-NH_4Cl缓冲溶液（pH≈10）	1份	钙指示剂、铬黑T指示剂	每组1份

3. 仪器清单（见表5）。

表5　水硬度测定仪器准备清单

分类	名称规格	数量	分类	名称规格	数量
公共用	移液管50mL	2	个人用（人均一份）	酸式滴定管	1
				洗瓶	1
	吸量管5mL	2		锥形瓶250mL	3

4. 分析步骤

（1）总硬度的测定

移取澄清的水样50.00mL放入250mL锥形瓶中，加入5mL $NH_3\cdot H_2O$-NH_4Cl缓冲溶液，摇匀。再加入少许铬黑T固体指示剂，再摇匀，此时溶液呈酒红色，以0.01mol/L EDTA标准溶液滴定至纯蓝色，即为终点。记录EDTA标准溶液的用量于表8中。平行测定三次，要求平均偏差≤0.2%。

（2）钙硬度测定

移取澄清的水样50.00mL放入250mL锥形瓶中，加入4mL 10% NaOH溶液，摇匀，再加入少许钙指示剂，再摇匀。此时溶液呈淡红色。用0.01mol/L EDTA标准溶液滴定至纯蓝色，即为终点。记录EDTA标准溶液的用量于表8中。平行测定三次，要求平均偏差≤0.2%。

（3）镁硬度的测定

由总硬度减去钙硬度即得镁硬度。

【任务要求】

1. 记录实验现象（登记、拍照、录像）。
2. 做好相关数据的记录和处理，完成学生作品6。

学生作品6　数据原始记录表

表6　钙基准溶液的配制数据记录表

项目	原始数据	备注
称取基准物的质量/g		拍照
（定容）标准溶液的体积/mL		拍照
钙基准溶液的浓度/(mol/L)		—

表7　EDTA标准溶液的标定数据记录表

项目	滴定序号			备注
	1	2	3	
钙基准溶液的浓度/(mol/L)				拍照
滴定前滴定管内液面读数/mL				拍照
滴定后滴定管内液面读数/mL				拍照
EDTA标准溶液的用量/mL				—
EDTA标准溶液的浓度/(mol/L)(测定值)				—
EDTA标准溶液的浓度/(mol/L)(平均值)				—
相对平均偏差				—

表8　自来水硬度测定实验数据记录表

项目		编号				现象	备注
		1	2	3	4	—	—
取自来水体积/mL						—	
加入缓冲溶液体积/mL						—	
加入指示剂/滴							
总硬度测定	EDTA终读数/mL						拍照
	EDTA初读数/mL						拍照
	V_1(EDTA)/mL					—	—
	总硬度					—	—
	总硬度平均值					—	—
钙硬度测定	EDTA终读数/mL						拍照
	EDTA初读数/mL						拍照
	V_2(EDTA)/mL					—	—

续表

项目		编号				现象	备注
		1	2	3	4	—	—
钙硬度测定	钙硬度					—	—
	钙硬度平均值					—	—
镁硬度						—	—

任务5 总结汇报

【任务目标】

知识目标 总结分析检测结果并根据标准进行评价和知识拓展提升。

技能目标 熟悉本组方案内容。

价值目标 通过PPT汇报培养学生语言表达能力和自信心。

【实施过程】

教师提出总结评价和知识拓展提升要求→学生查阅资料和标准→制作PPT→提交给老师修改→学生修改→汇报PPT→讨论PPT→老师点评→学生修改并上交。

【任务要求】

1. 制作总结PPT，制作要求见附录2；
2. 做好组内答辩记录，完成学生作品8（见附录3）；
3. 做好打分记录，完成学生作品9、10、11(见附录3)；
4. 计算小组同学贡献值，完成学生作品12(见附录3)。

【总结与提升PPT报告要求】

1. EDTA标准溶液的配制及标定、配位滴定法的基本原理、双指示剂法的概念、水硬度监测的实验过程等的注意事项；
2. 个人的测定结果与小组测定平均值的对比表；
3. 个人测定值、小组平均值与标准的对比表及判断评价；
4. 分析超标或不合格的原因；
5. 误差分析。

【实验注意事项】

1. 滴定过程中要边滴边振荡，快要到达终点时，要放慢滴定速度。
2. 半滴操作时一定要用洗瓶将挂在杯壁的药品冲洗到溶液中。
3. 滴定过程中每加一次溶液都要充分振荡，保证溶液混合均匀。

思考题

1. 配位滴定法和酸碱滴定法相比，有哪些不同？操作过程中应该注意哪些问题？
2. 在配位滴定中，指示剂应具备什么条件？
3. 水硬度测定时为什么要加入$NH_3 \cdot H_2O$-NH_4Cl缓冲溶液？

实验 20　工业过氧化氢的含量分析

任务 1　接受检验任务

【任务目标】

知识目标　学生能按要求接收样品，并准确填写样品交接单。

技能目标　能够确定工业过氧化氢的含量分析的工作任务。

价值目标　锻炼学生查阅资料的能力，培养学生团队协作精神及其实践能力。

【实施过程】

1. 教师提出本实验的学习任务，并提供资讯素材，组织学生先分小组讨论、组与组间交流，得出结论，推荐代表陈述，引导学生总结。

教师需要在实验前完成以下内容。

(1) 介绍氧化还原滴定法原理；

(2) 介绍过氧化氢的性质；

(3) 提示学生填写样品接收单，确定过氧化氢含量测定方案；

(4) 检测需求：提供原始数据和检测报告。

2. 学生按照老师提出的任务，研读样品交接单，小组内讨论，小组间交流，选出代表进行陈述，详细填写样品接收单。

3. 借助教师提供的参考资料查阅氧化还原滴定法原理及过氧化氢含量测定方法，并从中确定测定过程，完成测定任务流程图。学生小组内交流，组间交流，每小组派一名代表陈述。

【任务要求】

1. 完成学生作品 1 和学生作品 2（见附录 3）。

2. 制作方案 PPT（内容参照表 1）。

表 1　方案报告关键问题

氧化还原滴定：工业过氧化氢的含量分析

序号	关键问题	备注
1	过氧化氢的成分、性质与用途	
2	高锰酸钾的性质、用途	
3	工业上制备过氧化氢的方法	
4	什么是氧化还原指示剂？有几种类型？	
5	标定高锰酸钾的基准物质有哪些？	
6	计算高锰酸钾浓度的公式是什么？	
7	配制高锰酸钾稀溶液的方法	

续表

序号	关键问题	备注
8	过氧化氢的主要成分分析检测原理与方法	
9	测定过氧化氢含量的流程图	
10	过氧化氢的保存方法	
11	计算工业过氧化氢中过氧化氢含量的公式是什么？	

任务2 方案汇报与评价

【任务目标】

知识目标 熟悉氧化还原滴定法的原理。

技能目标 熟悉过氧化氢含量的测定方法及其实际应用。

价值目标 通过PPT汇报培养学生的表达能力和自信心。

【实施过程】

1. 各组的项目汇报人汇报工业过氧化氢的含量分析的方案PPT。
2. 其他组的同学进行提问。
3. 各组学生评委完成方案汇报小组互评评分表，老师点评并完成方案汇报评分表，完成学生作品4(见附录3)。
4. 各组秘书完成汇报及答辩记录表，完成学生作品5(见附录3)。

任务3 高锰酸钾标准溶液的配制与标定

【任务目标】

知识目标 学习高锰酸钾标准溶液的配制方法。

技能目标 掌握用草酸钠作基准物质标定高锰酸钾溶液浓度的原理和方法。

价值目标 通过实验培养学生独立思考与查阅相关资料的能力。

【实施过程】

1. 高锰酸钾标准溶液的配制。
2. 草酸钠作基准物质标定高锰酸钾溶液浓度。
3. 草酸钠作基准物质标定高锰酸钾溶液浓度方法任务流程图。

【方法提要】

1. 实验原理。市售的 $KMnO_4$ 试剂中常含有少量 MnO_2 和其他杂质，如硫酸盐、氯化物及硝酸盐等；另外，蒸馏水中常含有少量的有机物质，能使 $KMnO_4$ 还原。且还原产物能促进 $KMnO_4$ 自身分解，分解方程式如下：

$$2KMnO_4 \xlongequal{\triangle} K_2MnO_4 + MnO_2 + O_2\uparrow$$

见光时 $KMnO_4$ 分解更快。因此，$KMnO_4$ 的浓度容易改变，不能用直接法配制准确浓度的高锰酸钾标准溶液。必须正确地配制和保存，如果长期使用必须定期进行标定。

标定 $KMnO_4$ 的基准物质较多，有 As_2O_3、$H_2C_2O_4 \cdot 2H_2O$、$Na_2C_2O_4$ 和纯铁丝等。其中以 $Na_2C_2O_4$ 最常用，$Na_2C_2O_4$ 不含结晶水，不易吸湿，易纯制，性质稳定。用

$Na_2C_2O_4$ 标定 $KMnO_4$ 的反应为：

$$2MnO_4^- + 5C_2O_4^{2-} + 16H^+ \longrightarrow 2Mn^{2+} + 10CO_2\uparrow + 8H_2O$$

滴定时利用 $KMnO_4$ 本身的紫红色指示终点，称为自身指示剂。

2. 试剂清单（见表 2）。

表 2　高锰酸钾标准溶液的配制与标定试剂清单

试剂名称	浓度	试剂名称	浓度
$KMnO_4$	固体	H_2SO_4	3mol/L
$Na_2C_2O_4$	固体		

3. 仪器清单（见表 3）。

表 3　高锰酸钾标准溶液的配制与标定仪器清单

<table>
<tr><th>分类</th><th>名称规格</th><th>数量</th><th>分类</th><th>名称规格</th><th>数量</th></tr>
<tr><td rowspan="4">公用（共用一份）</td><td>电子分析天平</td><td>2</td><td rowspan="5">个人用（人均一份）</td><td>洗瓶</td><td>1</td></tr>
<tr><td>移液管 25mL</td><td>2</td><td>棕色试剂瓶 250mL</td><td>1</td></tr>
<tr><td>称量瓶</td><td>1</td><td>锥形瓶 250mL</td><td>3</td></tr>
<tr><td>吸量管 5mL</td><td>2</td><td>烧杯 500mL</td><td>1</td></tr>
<tr><td>个人用（人均一份）</td><td>酸式滴定管</td><td>1</td><td>微孔玻璃漏斗</td><td>1</td></tr>
</table>

4. 分析步骤

（1）0.1mol/L $KMnO_4$ 标准溶液的配制　称取约 0.8g $KMnO_4$ 置于 500mL 烧杯中，加入 250mL 蒸馏水，用玻璃棒搅拌，使之溶解。然后将配好的溶液加热至微沸并保持 1h，冷却后倒入棕色试剂瓶中，于暗处静置2 天后用微孔玻璃漏斗过滤，将滤液贮存于棕色试剂瓶中。

（2）0.1mol/L $KMnO_4$ 标准溶液的标定　准确称取 0.16～0.20g（精确至 0.0001g）分析纯 $Na_2C_2O_4$（预先在 110℃下烘干约 2h，然后置于干燥器中冷却备用）置于 250mL 锥形瓶中，加入新煮沸过的去离子水 50mL 使之溶解（或准确移取 0.1mol/L $Na_2C_2O_4$ 标准溶液 25.00mL）。再加入 3mol/L H_2SO_4 20mL，加热至 70～80℃，趁热用待标定的 $KMnO_4$ 溶液滴定。加入第一滴溶液待红色褪去后，可以逐渐加快滴定速度（但仍必须逐滴加入）。边滴边摇动锥形瓶，临近终点时，滴定速度要减慢，直至溶液呈现微红色并保持 30s 不褪色即为终点。记录滴定所用 $KMnO_4$ 溶液的体积 V(mL)。再重复做两次。上述实验数据记入表 6中。

5. 结果计算。$KMnO_4$ 标准溶液的浓度可按下式计算

$$c(KMnO_4) = \frac{2}{5} \times \frac{m(Na_2C_2O_4)}{M(Na_2C_2O_4) \times \frac{V(KMnO_4)}{1000}}$$

【任务要求】

1. 记录实验现象（登记、拍照、录像）。

2. 完成原始数据记录（学生作品 6）。

任务4 工业过氧化氢中过氧化氢含量的测定

【实验目标】

知识目标 进一步学习氧化还原滴定法的基本原理。

技能目标 学习用 $KMnO_4$ 标准溶液测定 H_2O_2 含量的方法。

价值目标 通过实验过程锻炼学生合作完成任务的能力。

【实施过程】

1. 制定测定 H_2O_2 含量的方法。

2. 用 $KMnO_4$ 标准溶液测定 H_2O_2 含量。

3. 做好相关数据的记录（如拍照）、计算与误差分析等数据处理。

【方法提要】

1. 实验原理。过氧化氢具有还原性，在酸性介质和室温条件下能被高锰酸钾定量氧化，其反应方程式为

$$2MnO_4^- + 5H_2O_2 + 6H^+ = 2Mn^{2+} + 5O_2\uparrow + 8H_2O$$

2. 试剂准备单（见表4）。

表4 工业过氧化氢中过氧化氢含量的测定试剂清单

名称规格	数量	名称规格	数量
0.1mol/L $KMnO_4$ 标准溶液	250mL	H_2O_2 样品	500mL
3mol/L H_2SO_4	500mL		

3. 仪器清单（见表5）。

表5 工业过氧化氢中过氧化氢含量测定仪器清单

分类	名称规格	数量	分类	名称规格	数量
公共用	移液管 25mL	2	个人用(人均一份)	容量瓶 250mL	1
个人用(人均一份)	酸式滴定管	1		锥形瓶 250mL	3
	洗瓶	1			

4. 分析步骤。H_2O_2 含量的测定：用移液管吸取 5.00mL 工业过氧化氢样品（H_2O_2 含量约 5%），置于 250mL 容量瓶中，加水稀释至标线，混合均匀。移取 25mL 上述稀释液三份，分别置于三个 250mL 锥形瓶中，各加入 5mL 3mol/L H_2SO_4，用 $KMnO_4$ 标准溶液滴定。计算样品中 H_2O_2 的含量。上述实验数据记入表7中。

5. 实验记录与数据处理

（1）记录实验现象（登记、拍照、录像）。

（2）完成原始数据记录（学生作品6）

学生作品6 数据原始记录表

表6 高锰酸钾溶液标定数据记录表

滴定序号	1	2	3
称量瓶+ $Na_2C_2O_{4(后)}$/g			

续表

滴定序号	1	2	3
称量瓶＋ $Na_2C_2O_{4(前)}$/g			
$Na_2C_2O_4$ 的质量/g			
$KMnO_4$ 终读数/mL			
$KMnO_4$ 初读数/mL			
$V(KMnO_4)$/mL			
$c(KMnO_4)$/(mol/L)			
$KMnO_4$ 平均浓度/(mol/L)			

表 7　工业过氧化氢含量测定数据记录表

$KMnO_4$ 标准溶液浓度/(mol/L)			
混合液体/mL			
滴定初始读数/mL			
滴定终点读数/mL			
V/mL			
平均 V/mL			
$c(H_2O_2)$/ (g/L)			

任务 5　总结汇报

【任务目标】

知识目标　总结分析检测结果并根据标准进行评价和知识拓展提升。

技能目标　熟悉本组方案内容。

价值目标　通过 PPT 汇报培养学生表达能力和自信心。

【实施过程】

教师提出总结提升要求→学生查阅资料和标准→制作 PPT→提交给老师修改→学生修改→汇报 PPT→讨论 PPT→老师点评→学生修改并上交。

【任务要求】

1. 制作总结 PPT，制作要求见附录 2；
2. 做好组内答辩记录，完成学生作品 8(见附录 3)；
3. 做好打分记录，完成学生作品 9、10、11(见附录 3)；
4. 计算小组同学贡献值，完成学生作品 12(见附录 3)。

【总结与提升 PPT 报告要求】

1. 高锰酸钾标准溶液的配制及标定、氧化还原滴定法的基本原理、过氧化氢含量测定的实验过程等的注意事项；
2. 个人的测定结果与小组测定平均值的对比表；
3. 个人测定值、小组平均值与标准的对比表及判断评价；
4. 分析超标或不合格的原因；

5. 误差分析。

【实验注意事项】

1. 在滴定过程中，先慢滴，并边滴边振荡，当反应变快时可加快滴加速度。
2. 在滴定时，$KMnO_4$ 溶液要放在酸式滴定管中。
3. 配制好的 $KMnO_4$ 溶液要盛放在棕色瓶中保护。

思考题

1. 能否用分析纯的高锰酸钾直接配制成标准溶液？
2. 高锰酸钾法测定过氧化氢时，为何不能通过加热来加速反应？
3. 用 $KMnO_4$ 法测定 H_2O_2 时，能否用 HNO_3 或 HCl 来控制酸度？为什么？
4. 在 $KMnO_4$ 法测定 H_2O_2 实验中，如果 H_2SO_4 用量不足，对结果有何影响？

第4章

制备与综合实验

实验21 粗盐提纯

扫码看视频

【实验引入】

食盐，作为一种日常生活中必不可少的调味品，它的历史也是非常源远流长的。早在古代，聪慧的祖先在科技落后的情况下，发明了一系列提纯食用盐的方法。

相传炎黄时期，有宿沙氏开创“海水煮盐法”，史称“宿沙作煮盐”。这是记录中最早的关于中国古代人们提纯食盐的方法。后人尊称为“盐宗”。

20世纪50年代在福建出土的文物中的盐煎器具，更是证明了仰韶时期（约公元前5000年～公元前3000年）人们就已具备初步煎盐能力。

初期盐的制作，直接按炉灶架铁锅燃火煮。这种方法耗燃料、费时多使得盐价变高。因此周朝时专门有一官职，名曰：“盐人”。《周礼·天官·盐人》记述盐人掌管盐政，管理各种用盐的事务。

历史上有关“盐”的制备技术和政策也是层出不穷。战国末期，四川开始掘井、汲卤、煎盐。齐管仲实行“官山海”政策，即盐由官民并制，产品全部由官府统一运销。汉武帝设立盐法，实行官盐专卖，禁止私产私营。到了隋唐之际，山西盐湖已初具规模，开始采用“垦畦浇晒”的新工艺。而在宋代，四川地区有一个重大突破，即井盐矿。智慧的劳动人民使用钻头开采井盐矿。宋元之际，福建一带更是可以使用“晒盐法”来制盐。从明到清，这门技术也逐渐完备成熟。

由此可见，我们古代劳动人民的智慧是无穷的。本实验我们就来学习一下粗盐提纯的基本实验过程。

【实验目标】

知识目标 掌握提纯氯化钠的原理和方法。

技能目标 学习称量、溶解、沉淀、减压过滤、蒸发浓缩、结晶及干燥等基本操作。

价值目标 培养学生细致的判断力和敏锐的观察力。

【实验原理】

化学试剂或医药用的 NaCl 都是以粗盐为原料提纯来的，粗盐中通常有 K^+、Ca^{2+}、Mg^{2+}、SO_4^{2-}、CO_3^{2-} 等可溶性杂质的离子，还含有不溶性的杂质如泥沙。不溶性的杂质可

用过滤的方法除去。可溶性的杂质要加入适当的化学试剂除去。涉及原理如下

$$Ba^{2+}+SO_4^{2-} = BaSO_4\downarrow$$

$$Ca^{2+}+CO_3^{2-} = CaCO_3\downarrow$$

$$4Mg^{2+}+5CO_3^{2-}+2H_2O = Mg(OH)_2\cdot 3MgCO_3\downarrow+2HCO_3^-$$

$$Ba^{2+}+CO_3^{2-} = BaCO_3\downarrow$$

过量的 Na_2CO_3 用 HCl 中和。粗盐中的 K^+ 与这些沉淀剂不起作用，仍留在溶液中。由于 KCl 溶解度比 NaCl 大，而且粗食盐中 KCl 含量较少，所以在蒸发和浓缩食盐溶液时，NaCl 先结晶出来，而 KCl 仍留在溶液中。

【仪器与试剂】

仪器：电子天平（0.01g 或 0.1g），量筒，烧杯，玻璃棒，药匙，普通漏斗，布氏漏斗，吸滤瓶，滤纸，铁架台（带铁圈），蒸发皿，加热套（酒精灯），胶头滴管，研钵，研杵，试管夹，pH 试纸。

试剂：粗盐，蒸馏水，$BaCl_2$（1mol/L），NaOH（2mol/L），饱和 Na_2CO_3，盐酸（6mol/L），$(NH_4)_2C_2O_4$（0.5mol/L），镁试剂。

【实验步骤】

1. 粗盐的提纯

（1）粗盐溶解　称取 7.0g 粗盐于 100mL 烧杯中，加 30mL 水，加热搅拌使其溶解。

（2）除去 SO_4^{2-}　加热溶液至沸，边搅拌边滴加 1mol/L $BaCl_2$ 溶液约 2mL，继续加热 5min，使沉淀颗粒长大而易于沉降。检查 SO_4^{2-} 是否除尽可将电热套移开，待沉淀沉降后，取少量上层清液于烧杯中，加几滴 6mol/L HCl，再加几滴 1mol/L $BaCl_2$ 溶液，如果出现混浊（将 $BaCl_2$ 溶液沿杯壁加入，眼睛从侧面观看），表示 SO_4^{2-} 尚未除尽，需再加 1mol/L $BaCl_2$ 溶液，直至在其上层清液中加 $BaCl_2$ 溶液不再出现混浊为止，即表示 SO_4^{2-} 已除尽。常压过滤，弃去沉淀。

（3）除去 Ca^{2+}、Mg^{2+} 和过量的 Ba^{2+}　将所得滤液加热至沸，边搅拌边滴加约 3mL 饱和 Na_2CO_3 溶液，直至不再产生沉淀为止，然后再多加 0.5mL 饱和 Na_2CO_3 溶液，静置（或离心沉降）。用滴管吸取上层清液数滴放在试管中，加几滴饱和 Na_2CO_3 溶液，如果出现混浊，表示 Ba^{2+} 未除尽，需在原溶液中继续滴加饱和 Na_2CO_3 溶液，直至除尽为止。常压过滤，弃去沉淀。

（4）用 HCl 调整酸度除去 CO_3^{2-}　往滤液中滴加 16～17 滴 6mol/L HCl，加热搅拌，中和到溶液呈微酸性（pH 值为 3～4）。

（5）浓缩与结晶　在事先已称其质量为 m_1 的蒸发皿中将溶液浓缩至有大量 NaCl 结晶出现（约为原体积的 1/3），冷却结晶，抽吸过滤至布氏漏斗下端无水滴为止。再将氯化钠晶体转移到蒸发皿中，用小火烘干（为防止蒸发皿摇晃，可在石棉网上放置一个泥三角）。冷却后称其质量 m_2，计算产率。

2. 产品纯度的检验。称取粗盐和提取后的精盐各 0.5g，分别溶于 5mL 蒸馏水中，然后各分别盛装于 3 支小试管中，用下列方法对照检测它们的纯度。

（1）SO_4^{2-} 的检验　各取 1 支试管，分别加入 2 滴 $BaCl_2$ 溶液，观察有无白色沉淀生成，记录结果，并进行比较。

（2）Ca^{2+} 的检验　各取 1 支试管，分别加入 2 滴 $(NH_4)_2C_2O_4$ 溶液，稍等片刻，观察有无白色沉淀生成，记录结果，并进行比较。

（3）Mg^{2+} 的检验　各取 1 支试管，分别加入 2～3 滴 NaOH 溶液，使溶液呈碱性，再加入 1 滴镁试剂，若有天蓝色沉淀生成，表示有 Mg^{2+}，记录结果并比较。

【数据记录与处理】

1. 比较粗盐和精盐的外观。
2. 计算精盐的质量产率：

$$产率=\frac{m_2-m_1}{7.0}\times 100\%$$

3. 产品纯度检验结果记录到表 1 中。

表 1　产品纯度检验结果记录

检验项目	检验方法	被检溶液	实验现象	结论
SO_4^{2-}	加入 $BaCl_2$	粗盐溶液		
		提纯后盐溶液		
Ca^{2+}	加入 $(NH_4)_2C_2O_4$	粗盐溶液		
		提纯后盐溶液		
Mg^{2+}	加入 NaOH、镁试剂	粗盐溶液		
		提纯后盐溶液		

【注意事项和维护】

1. 玻璃棒搅拌时不要碰到杯壁，本次实验用到五次玻璃棒，作用如下：

（1）溶解时，用玻璃棒搅拌，加速溶解；

（2）过滤前，用玻璃棒蘸水润湿滤纸；

（3）过滤时，用玻璃棒引流；

（4）蒸发时，用玻璃棒搅拌，使液体均匀受热，防止液体飞溅；

（5）计算产率时，用玻璃棒把固体转移到纸上。

2. 实验过程最后除去的是 CO_3^{2-}。
3. 蒸发过程切记不可蒸干。

思考题

1. 下列过程会导致结果偏高、偏低还是无影响？

（1）溶解时将粗盐一次全部倒入水中，立即过滤。

（2）蒸发时，有一些液体、固体溅出。

（3）粗盐中含有其他可溶性固体。

2. 在除去 Ca^{2+}、Mg^{2+}、SO_4^{2-} 时为何先加 $BaCl_2$ 溶液，然后再加 Na_2CO_3 溶液？
3. 能否用 $CaCl_2$ 代替毒性大的 $BaCl_2$ 来除去食盐中的 SO_4^{2-}？
4. 提纯后的食盐溶液浓缩时为什么不能蒸干？

实验 22 废旧铜电线制备五水硫酸铜

【实验引入】

五水硫酸铜，又名胆矾。为硫酸盐类胆矾族矿物胆矾的晶体，或为硫酸作用于铜而制成的含水硫酸铜结晶。由含铜硫化物氧化分解形成的次生矿物，可与蓝铜矿（扁青）（图1）、孔雀石（绿青）（图2）等矿物共生，分布于我国西北等气候干燥地区铜矿床的氧化带中。具有涌吐、解毒、去腐之功效。胆矾常用于中风、癫痫、喉痹、喉风、痰涎壅塞、牙疳、口疮、烂弦风眼、痔疮、肿毒。硫酸铜既是一种肥料，又是一种普遍应用的杀菌剂。波尔多液、铜皂液、铜铵制剂就是用硫酸铜分别与生石灰、肥皂、碳酸氢铵配制而成的。硫酸铜主要用作纺织品媒染剂、农业杀虫剂、水的杀菌剂、防腐剂，也用于鞣革、铜电镀等。

图1 蓝铜矿（扁青）

无水硫酸铜为白色或灰白色粉末，溶液呈酸性，溶于水及稀的乙醇中而不溶于无水乙醇。在潮湿空气中易潮解，吸湿性很强。实验室通常利用无水硫酸铜的强吸湿性检验是否有水存在，方程式如下

$$CuSO_4(白色)+5H_2O \xlongequal{} CuSO_4 \cdot 5H_2O(蓝色)$$

本实验学习如何由废旧含铜电线制备五水硫酸铜。

【实验目标】

知识目标 了解由废旧含铜电线中的金属单质制备五水硫酸铜的方法，掌握利用重结晶提纯物质的原理。

技能目标 学会天平的使用、蒸发浓缩、减压过滤、重结晶等基本操作。

价值目标 了解废旧利用的途径和方法，树立可持续发展理念。

图 2　孔雀石（绿青）

【实验原理】

纯铜属不活泼金属，不能溶于非氧化性的酸中，但其氧化物在酸中却溶解。因此，在工业上制备胆矾（硫酸铜）时，先把铜烧成氧化铜，然后与适当浓度的硫酸反应而生成硫酸铜。本实验采用浓硝酸作氧化剂，以废铜与硫酸、浓硝酸反应来制备硫酸铜，反应式为

$$Cu + 2HNO_3 + H_2SO_4 = CuSO_4 + 2NO_2\uparrow + 2H_2O$$

产物中除硫酸铜外，还含有一定量的硝酸铜和一些可溶性或不溶性的杂质，不溶性杂质可通过过滤除去，而硝酸铜则利用它和硫酸铜在水中溶解度的不同，通过结晶的方法将其除去（留在母液中）。

表 1 为硫酸铜和硝酸铜在水中的溶解度，由表 1 中数据可知，硝酸铜在水中的溶解度不论在高温或低温下都比硫酸铜大得多。在本实验所得的产物中硝酸铜的量小，因此，当热的溶液冷却到一定温度时，硫酸铜首先达到过饱和而硝酸铜却远远没有达到饱和，随着温度的继续下降，硫酸铜不断从溶液中析出，硝酸铜则绝大部分留在溶液中，小部分作为杂质伴随硫酸铜出来的硝酸铜可以和其他一些可溶性杂质一起，通过重结晶的方法除去，最后达到制得纯硫酸铜的目的。

表 1　硫酸铜和硝酸铜在水中的溶解度　　单位：g/100g

物质	0℃	20℃	40℃	60℃	80℃
$CuSO_4 \cdot 5H_2O$	23.3	32.3	46.2	61.1	83.8
$Cu(NO_3)_2 \cdot 6H_2O$	81.8	125.1			
$Cu(NO_3)_2 \cdot 3H_2O$			约 160	约 178.5	约 208

【仪器与试剂】

仪器：蒸发皿，烧杯 100mL，布氏漏斗，吸滤瓶，量筒（100mL，10mL），托盘天平，水浴锅。

试剂：H_2SO_4(3mol/L)，浓 HNO_3，废旧含铜电线，过氧化氢。

【实验步骤】

1. 铜丝的预处理。将废旧电线剥离外层橡胶后，称量 2.3g 铜丝（或铜线），将它置于干燥的蒸发皿中，用酒精喷灯强热灼烧至表面呈现黑色的氧化铜（目的在于除去附着在铜屑上的油污），至不再产生白烟为止，冷却备用。

2. 五水合硫酸铜的制备

（1）往盛有铜丝的蒸发皿中加入 8.0mL 3mol/L 硫酸，然后缓慢加入 3.5mL 浓硝酸（反应过程中产生大量有毒的二氧化氮气体，操作时应注意通风）。待反应平稳后，盖上表面皿放在水浴上加热，加热过程中补加 4.0mL 3mol/L 硫酸、1.0mL 浓硝酸（由于反应情况不同，补加的酸量要根据具体反应情况而定，在保持反应继续进行的情况下，尽量少加硝酸），并加入 2～3mL 30%的过氧化氢氧化杂质。

（2）待铜丝全部溶解后，趁热用倾析法将溶液转至一个小烧杯中，留下不溶性杂质，然后再将溶液转回到洗净的蒸发皿中。

（3）水浴缓慢加热蒸发皿，蒸发浓缩至结晶膜出现为止。

（4）取下蒸发皿，使溶液冷却析出蓝色的五水合硫酸铜晶体。

（5）抽虑称重，计算产率（以湿品计算，应不少于 85%）。

3. 重结晶法提纯五水合硫酸铜

（1）将粗产品以 1g 需 1.2mL 水的比例，溶于蒸馏水中，加热使五水合硫酸铜完全溶解。然后热过滤。

（2）滤液收集在一个小烧杯中，让其慢慢冷却，即有晶体析出（如无晶体析出，可在水浴上再加热蒸发，使其结晶）。完全冷却后，用倾析法除去母液，晶体晾干，得到纯净的硫酸铜晶体。

（3）称重，计算产率。

【注意事项和维护】

1. 过氧化氢应缓慢分次滴加。
2. 趁热过滤时，应先洗净过滤装置并预热；将滤纸准备好，待抽滤时再润湿。
3. 水浴加热浓缩至表面有晶膜出现即可，不可将溶液蒸干。
4. 浓缩液自然冷却至室温。
5. 重结晶时，调 pH 为 1～2，加入水的量不能太多。
6. 回收产品和母液。

思考题

1. 在托盘天平上称量时必须注意哪几点？什么叫零点和停点？

2. 什么情况下可使用倾析法？什么情况下使用常压过滤或者减压过滤？

3. 在减压过滤操作中，如果未开自来水开关之前把沉淀转入布氏漏斗内或结束时先关上自来水开关，各会产生何种影响？

4. 蒸发浓缩 $CuSO_4$ 的水溶液时，为什么要水浴加热？

5. 什么叫重结晶？硫酸铜可以用重结晶进行提纯，NaCl 可以吗？为什么？

实验 23　肥皂的制备

【实验引入】

不管是东方还是西方，古代最早使用的洗涤用品的成分不外乎是碳酸钠和碳酸钾。前者为天然湖矿产品（天然碳酸钠如图 1），后者是草木灰的主要成分。

图 1　天然碳酸钠

肥皂是脂肪酸金属盐的总称，通式为 RCOOM，式中，RCOO—为脂肪酸根，M 为金属离子。日用肥皂中的脂肪酸碳数一般为 10～18，金属主要是钠或钾等碱金属，也有用氨及某些有机碱如乙醇胺、三乙醇胺等制成特殊用途肥皂的。肥皂包括洗衣皂、香皂、金属皂、液体皂等，还有相关产品如脂肪酸、硬化油、甘油等。

肥皂的成分：羧酸的钠盐 RCOONa、合成色素、合成香料、防腐剂、抗氧化剂、发泡剂、硬化剂、黏稠剂、合成界面活性剂。

肥皂的主要成分为 RCOONa[硬脂酸钠（$C_{17}H_{35}COONa$）]，其中 R 基团一般是不同的，是各种烃基。R—是憎水基，羧基部分是亲水基。在硬水中肥皂与 Ca^{2+}、Mg^{2+} 等形成凝乳状物质、脂肪酸钙盐等，即通常说的“钙肥皂”，而成为无用的除垢剂。将软化剂加到硬水中可以除去硬水离子，使肥皂发挥作用。药皂主要是在其中加入了一些消毒剂。香皂是在其中加入了香精。肥皂因含皂碱，去油力强。

【实验目标】

知识目标　了解肥皂的性质；掌握盐析的原理；了解肥皂制备工艺流程。

技能目标　学会制备肥皂的方法。

价值目标　由表面活性剂的作用原理引入世界观和人生观，即亲水又亲油，水乳交融。

【实验原理】

1. 广义上，油脂、蜡、松香或脂肪酸等和碱类起皂化或中和反应所得的脂肪酸盐，皆可称为肥皂。肥皂能溶于水，有洗涤去污作用。肥皂的分类有香皂、金属皂和复合皂。

2. 油脂的主要成分是高级脂肪酸和甘油酯，油脂在碱性条件下水解生成肥皂的主要成分——高级脂肪酸的钠盐。方程式如下：

$$\begin{array}{l} CH_2OCOR \\ | \\ CHOCOR \quad + 3NaOH \longrightarrow 3RCOONa + CH_2OHCHOHCH_2OH \\ | \\ CH_2OCOR \end{array}$$

R 基可能不同，但生成的 RCOONa 都可以作肥皂。

常见的 R—有：$C_{17}H_{38}$—，则 R—COOH 为油酸；

$C_{15}H_{31}$—，则 R—COOH 为软脂酸；

$C_{17}H_{35}$—，则 R—COOH 为硬脂酸。

【仪器与试剂】

仪器：150mL 烧杯，玻璃棒，酒精灯，石棉网，三脚架，量筒，托盘天平，药匙，纱布，冰箱，试管。

试剂：猪油（或其他动物油脂），植物油，40%NaOH，95%乙醇，50%乙醇，饱和食盐水（称 9g 食盐溶于 25mL 水中）。

【实验步骤】

1. 在 150mL 烧杯里，加入 5g 猪油和 1g 植物油，再加 5mL 95%的乙醇，然后加 10mL 40%的 NaOH 溶液。用玻璃棒搅拌，使其溶解（必要时可用微火加热）。

2. 把烧杯放在石棉网上（或水浴中），用小火加热，并不断用玻璃棒搅拌。在加热过程中，倘若乙醇和水被蒸发而减少，应随时补充，以保持原有体积。[可预先配制酒精和水的混合液（体积比 1∶1）20mL，以备添加。]

3. 加热约 20min 后，皂化反应基本完全。（若须检验，可用玻璃棒取出几滴试样放入试管，在试管中加入蒸馏水 5～6mL，加热振荡。静置时，有油脂分出，说明皂化不完全，可滴加碱液继续皂化反应。）

4. 将 20mL 热的蒸馏水慢慢加到皂化完全的黏稠液中，搅拌使其完全分离，将该溶液慢慢倒入 150mL 热的饱和食盐水溶液中，边加边搅拌，静置，待肥皂全部析出，凝固后用玻璃棒取出，肥皂制成。用滤纸或纱布沥干，挤压成块，即为肥皂。

5. 用天平称量肥皂的质量，并计算产率。

$$产率=肥皂的质量/油脂的质量\times 100\%$$

【数据记录与处理】

实验数据记入表 1，并计算产率。

表 1　实验原始数据记录表

物质	猪油	酒精	氢氧化钠	制得肥皂
质量/g				

【注意事项和维护】

1. 皂化反应时要保持混合液的原有体积，不能让烧杯里的混合液煮干或者溅溢到烧杯外面。

2. 加热时若不用水浴，则需用小火。

思考题

1. 肥皂的制取原理是皂化反应，什么是皂化反应？
2. 实验中加入乙醇的目的是什么？
3. 实验中加入饱和食盐水的作用是什么？饱和食盐水是否加的越多越好？
4. 加热时，为什么要慢慢加热？

实验 24 防晒霜的制备与性能

【实验引入】

防晒霜，是指添加了能阻隔或吸收紫外线的防晒剂来达到防止肌肤被晒黑、晒伤的化妆品。根据防晒原理，可将防晒霜分为物理防晒霜、化学防晒霜。

根据具体的对象来选择不同防晒系数的防晒霜产品，以达到防晒的目的。防晒霜的作用原理是将皮肤与紫外线隔离开来。防晒乳与防晒霜的主要区别在于物理性状，霜剂一般的含水量在60%左右，看上去比较“稠”，呈膏状；而乳液，含水量在70%以上，看上去比较稀，有流动性。一般来讲乳液比霜剂清爽，因为水的含量比较高，但仍然可以利用不同的油性成分和增稠剂来调整霜剂的“油腻”程度。

使用方法：

（1）用指尖蘸取防晒霜，按照由上至下的顺序置于前额发际、额、耳、鼻、颊、口周、项部、颈侧、颈前、胸前V区以及手背、腕伸侧等部位。如在夏季还应包括双前臂，小腿等所有光暴露部位，以免发生遗漏。

（2）用指尖将各个部位的防晒霜轻轻涂匀。

（3）光敏感患者就诊时，医师应提醒患者注意容易发生遗漏的部位。

注意事项：

1. 选用防晒化妆品要避免引起皮肤过敏。
2. 选择适当防晒系数的防晒霜。
3. 使用时间要恰当，不可临出门才涂防晒霜。
4. 最好不要同时混合使用不同品牌的防晒霜。

【实验目标】

知识目标 了解物理防晒剂和化学防晒剂的作用原理；掌握运用亲水亲油平衡值（HLB值）法选择乳化剂并设计膏霜配方的原理和方法。

技能目标 学会特殊防晒效果的化妆品的制备方法和HLB值测定方法。

价值目标 通过结构决定性质，性质决定用途引入世界观和物质观。

【实验原理】

按照实验要求和使用目的，选择油相成分和乳化剂。分别计算出油相被乳化所需的HLB值；以此为依据选择和计算复配乳化剂的HLB值，使复配乳化剂具有的HLB值和油相所需值相符。运用HLB值法设计膏霜配方的原理设计防晒霜配方，在一定的工艺条件下制备乳化体，并加入防晒剂得到防晒膏。

产品质量检测标准包括以下方面。

1. 目测：膏体细腻，无油水分层。

2. pH值4～8.5。

3. 稳定性实验：

(1) 耐热性实验　置于40℃下24h，无油水分离；

(2) 耐寒性实验　置于－5～－25℃下24h，恢复室温后膏体无油水分离；

(3) 离心实验　2000r/min下，离心30min无分层。

【仪器与试剂】

1. 仪器：玻璃棒，烧杯，台称，水浴锅，高速乳化机，烘箱，冰箱，离心机。

2. 油相原料清单见表1。

表1　油相原料清单

原料名称	O/W型膏体所需HLB值	原料名称	O/W型膏体所需HLB值
硬脂酸	17	羊毛脂	12
十六醇	13	白油	10

3. 乳化剂及HLB值见表2。

表2　乳化剂及HLB值

原料名称	O/W型膏体所需HLB值	原料名称	O/W型膏体所需HLB值
单硬脂酸甘油酯	3.8	司盘-60	4.7
吐温-80	15	K12	40

4. 辅助原料：水杨酸辛酯，钛白粉，香精，甘油。

【实验步骤】

1. 制备步骤。可根据所供原料和乳化剂的HLB值的数据自行设计配方，也可参照表3制备。

表3　实验配方表

组分		质量/g	组分		质量/g
A	甘油	4	B	硬脂酸	5
A	羊毛脂	2	B	单硬脂酸甘油酯	2
A	司盘-60	2.5	B	水杨酸辛酯	3
A	吐温-80	2.5	C	白油	10
A	K12	1.1	C	钛白粉	2
B	1618醇	4			

(1) 取一个250mL烧杯，将A组分搅拌溶解加热到85℃，保温10min灭菌。

（2）取一个 50mL 小烧杯，将 C 组分搅拌均匀至没有结块，向其中加入 B 组分，搅拌加热至 85℃，搅拌至溶解。

（3）将混合后的组分 A 加到（2）中（此时二者均处于 85℃状态），用玻璃棒搅拌3～5min，然后搅拌冷却到 60℃，加入香精，再搅拌至 40℃出料即可。

2. 性质实验

（1）离心稳定性，耐热、耐寒性实验　以检验配方和工艺条件设计的合理性。

（2）防晒人体试验　在确定皮肤无伤口、炎症和过敏时，左手背涂上合格的防晒霜，光照一定时间后和右手背（空白）比较，得出结论。

【注意事项和维护】

1. 注意控制温度，以免使某些有机成分性质发生改变。

2. 原料的细度和混合均匀程度必须控制良好。

思考题

1. 无机防晒剂与有机防晒剂的区别是什么？
2. 制备防晒霜的关键组分有哪些？
3. 防晒霜中表面活性剂的作用是什么？

实验 25　废钢铁制备硫酸亚铁铵

【实验引入】

硫酸亚铁铵在定量分析中常用作标定重铬酸钾、高锰酸钾等溶液的标准物质，用作化学试剂、医药，还用于冶金、电镀等。

硫酸亚铁铵是一种重要的化工原料，用途十分广泛。可以作净水剂，而在无机化学工业中，它是制取其他铁化合物的原料，如用于制造氧化铁系颜料、磁性材料、黄血盐和其他铁盐等。还有许多方面的直接应用，如可用作印染工业的媒染剂，制革工业中用于鞣革，木材工业中用作防腐剂，医药中用于治疗缺铁性贫血，农业中施用于缺铁性土壤，畜牧业中用作饲料添加剂，还可以与鞣酸、没食子酸等混合后配制蓝黑墨水等。

硫酸亚铁铵的来源：一般从废铁屑中回收铁屑，铁屑经碱溶液洗净之后，用过量硫酸溶解；然后再加入稍过量硫酸铵饱和溶液，在小火下蒸发溶剂直到晶膜出现，停火利用余热蒸发溶剂；过滤后用少量乙醇洗涤，得到硫酸亚铁铵晶体。

【实验目标】

知识目标　了解复盐晶体的制备原理。

技能目标　掌握台式天平和移液管（或吸量管）的使用以及水浴加热、溶解、过滤（减压过滤）、蒸发、结晶、干燥等基本操作。

价值目标 树立变废为宝的可持续发展理念。

【实验原理】

硫酸亚铁铵又称莫尔盐，是浅蓝色单斜晶体。它在空气中比一般亚铁盐稳定，不易被氧化。与所有的复盐一样，硫酸亚铁铵［$FeSO_4 \cdot (NH_4)_2SO_4 \cdot 6H_2O$］在水中的溶解度比组成它的每一个组分［$FeSO_4$ 或 $(NH_4)_2SO_4$］的溶解度都要小。相关盐类的溶解度见表1。因此，把含有 $FeSO_4$ 和 $(NH_4)_2SO_4$ 的溶液经蒸发浓缩，很容易得到浅绿色的 $FeSO_4 \cdot (NH_4)_2SO_4 \cdot 6H_2O$ 复盐晶体。

本实验是先将铁屑与稀硫酸反应制得硫酸亚铁溶液

$$Fe + H_2SO_4 = FeSO_4 + H_2\uparrow \tag{1}$$

然后在硫酸亚铁溶液中加入硫酸铵，经蒸发浓缩、冷却结晶，得到浅蓝色的 $FeSO_4 \cdot (NH_4)_2SO_4 \cdot 6H_2O$ 复盐晶体。

$$FeSO_4 + (NH_4)_2SO_4 + 6H_2O = FeSO_4 \cdot (NH_4)_2SO_4 \cdot 6H_2O \tag{2}$$

表1 在不同温度下一些盐类的溶解度 单位：g/100g

物质	0℃	10℃	20℃	30℃	40℃	50℃	60℃
$FeSO_4 \cdot 7H_2O$	15.6	20.5	26.5	32.9	40.2	48.6	—
$(NH_4)_2SO_4$	70.6	73.0	75.4	78.0	81.6	—	88.0
$FeSO_4 \cdot (NH_4)_2SO_4 \cdot 6H_2O$	12.5	17.2	—	—	33.0	40.0	—

为了避免 Fe^{2+} 的氧化和水解，在制备 $FeSO_4 \cdot (NH_4)_2SO_4 \cdot 6H_2O$ 的过程中，溶液需要保持足够的酸度。

用目测比色法可估计产品中所含杂质 Fe^{3+} 的量。由于 Fe^{3+} 能与 SCN^- 生成红色的物质 $[Fe(SCN)]^{2+}$，当红色较深时，表明产品中含 Fe^{3+} 较多；当红色较浅时，表明产品中含 Fe^{3+} 较少。所以，只要将所制备的硫酸亚铁铵晶体与KSCN溶液在比色管中配制成待测溶液，然后将它所呈现的红色与含一定 Fe^{3+} 量所配制成的标准 $[Fe(SCN)]^{2+}$ 溶液的红色进行比较，根据红色深浅程度相仿情况，即可知待测溶液中杂质 Fe^{3+} 的含量，从而确定产品的等级。

【仪器与试剂】

仪器：pH试纸（公用），滤纸（φ125mm，φ100mm），滤纸碎片，电子天平（公用），酒精灯，可调电炉，烧杯，表面皿，蒸发皿，石棉铁丝网，铁架台，铁圈，药匙，量筒，移液管或吸量管，吸气橡皮球，白瓷板，洗瓶，玻璃棒，漏斗架，布氏漏斗，吸滤瓶，玻璃抽气管，温度计100℃，25mL比色管。

试剂：2mol/L HCl，3mol/L H_2SO_4，硫酸铵 $(NH_4)_2SO_4$(s)，碳酸钠（10%），2mol/L KSCN溶液，标准 Fe^{3+} 溶液（0.01000mg/mL），铁屑。

【实验步骤】

1. 铁屑表面油污的去除。称取2g铁屑，放入小烧杯中，加入15mL Na_2CO_3 溶液。小火加热约10min后，用倾析法倒去 Na_2CO_3 碱性溶液，再用蒸馏水把铁屑冲洗洁净，备用。

2. 硫酸亚铁的制备。往盛有洁净铁屑的小烧杯中加入15mL 3mol/L H_2SO_4 溶液，盖上表面皿，放在石棉铁丝网上用小火微热（或可调电炉低温）（由于铁屑中的杂质在反应中会产生一些有毒气体，最好在通风橱中进行），使铁屑和稀硫酸反应至不再冒气泡为止

(15～30min)，在加热过程中应不时加入少量蒸馏水。趁热进行减压过滤分离滤液和滤渣，滤液转移至洁净的蒸发皿中，用数毫升热水洗涤小烧杯及漏斗上的残渣，将残渣全部转移至漏斗中，洗涤液仍转移至蒸发皿中。将漏斗中的残渣（铁屑）洗净，收集在一起用滤纸吸干称重。由参加反应的铁屑质量计算出溶液中 $FeSO_4$ 的量。

3. 硫酸亚铁铵的制备。根据 $FeSO_4$ 的理论产量，计算并称取所需固体 $(NH_4)_2SO_4$ 的量，在室温下将称取的 $(NH_4)_2SO_4$ 配制成饱和溶液，然后倒入上面所制得的 $FeSO_4$ 溶液中，混合均匀并用 3mol/L H_2SO_4 溶液调节 pH 值为 1～2，用沸水浴或水蒸气加热蒸发浓缩至溶液表面刚出现结晶薄层时为止（蒸发过程中不宜搅动）。从水浴中取下蒸发皿，让其慢慢冷却，即有硫酸亚铁铵晶体析出。待冷却至室温后，用布氏漏斗抽气过滤。将晶体取出，称重。计算理论产量和产率。

4. 产品检验

（1）标准溶液的配制　往 3 支 25mL 的比色管中各加入 1mL 2mol/L KSCN、2mL 2mol/L HCl 溶液。再用移液管分别加入 5mL、10mL、20mL 的标准 Fe^{3+} 溶液，最后用去离子水稀释到刻度，制成 Fe^{3+} 含量不同的标准 $[Fe(SCN)]^{2+}$ 溶液。三支比色管中所对应的各级硫酸亚铁铵规格分别为：含 Fe^{3+} 0.05mg，符合一级标准；含 Fe^{3+} 0.10mg，符合二级标准；含 Fe^{3+} 0.20mg，符合三级标准。

（2）Fe^{3+} 分析　称取 1.0g 产品，置于 25mL 比色管中，加入 15mL 不含氧气的去离子水，使产品溶解。然后按上述操作加入 HCl 溶液和 KSCN 溶液，再用不含氧气的去离子水稀释至 25mL，搅拌均匀。将它与配制好的上述标准溶液进行目测比色，确定产品的等级。在进行比色操作时，可在比色管下衬以白瓷板；为了消除周围光线的影响，可用白纸条包住装盛溶液那部分比色管的四周。从上往下观察，通过对比溶液颜色的深浅程度来确定产品的等级。

【数据记录与处理】

1. 实验数据的记录（表 2）。

表 2　硫酸亚铁铵制备过程数据记录表

项目	记录结果	项目	记录结果
称取的铁粉的质量/g		称取的 $(NH_4)_2SO_4$ 固体的质量/g	
剩余铁粉残渣的质量/g		$FeSO_4 \cdot (NH_4)_2SO_4 \cdot 6H_2O$ 晶体的质量/g	
参加反应的铁粉的质量/g		$FeSO_4 \cdot (NH_4)_2SO_4 \cdot 6H_2O$ 晶体的等级	

2. 计算理论产量和产率

（1）理论产量计算公式如下

$$m(\text{硫酸亚铁铵})=\frac{m(\text{Fe})}{M(\text{Fe})}\times M(\text{硫酸亚铁铵})$$

（2）产率计算公式如下

$$\text{产率}=\frac{\text{实际产量(g)}}{\text{理论产量(g)}}\times 100\%$$

【注意事项和维护】

1. 硫酸是具有腐蚀性的强酸，会腐蚀皮肤，所以在操作中要特别小心以防溅到皮肤上。
2. 实验中会产生有毒气体，所以一定要注意实验室的通风。

思考题

1. 如何计算实验所需硫酸铵的质量和硫酸亚铁铵的理论产量？试列出计算式。

2. 为什么制备硫酸亚铁铵晶体时，溶液必须呈酸性？

3. 为什么检验产品中的 Fe^{3+} 含量时，要用不含氧气的去离子水？如何制备不含氧气的去离子水？

实验 26 木材制备活性炭及其吸附性测试

【实验引入】

活性炭是由木质、煤质和石油焦等含碳的原料经热解、活化加工制备而成，具有发达的孔隙结构、较大的比表面积和丰富的表面化学基团，是特异性吸附能力较强的炭材料的统称。活性炭的分类情况见表 1。

表 1 活性炭分类

制造原材料	产品形状	制造原材料	产品形状
煤质活性炭	柱状煤质颗粒活性炭	合成材料活性炭	柱状合成材料颗粒活性炭
	破碎煤质颗粒活性炭		破碎状合成材料颗粒活性炭
	粉状煤质颗粒活性炭		粉状合成材料颗粒活性炭
	球形煤质颗粒活性炭		成形活性炭
木质活性炭	柱状木质颗粒活性炭		球形合成材料颗粒活性炭
	破碎状木质颗粒活性炭		布类合成材料活性炭(碳纤维布)
	粉状木质颗粒活性炭		毡类合成材料活性炭(碳纤维毡)
	球形木质颗粒活性炭	其他类活性炭	沥青基微球活性炭

通常为粉状或粒状具有很强吸附能力的多孔无定形炭。由固态碳质物（如煤、木料、硬果壳、果核、树脂等）在隔绝空气条件下经 600～900℃高温炭化，然后在 400～900℃条件下用空气、二氧化碳、水蒸气或三者的混合气体进行氧化活化后获得。

炭化的作用是使碳以外的物质挥发，氧化活化可进一步去掉残留的挥发物质，产生新的和扩大原有的孔隙，改善微孔结构，增加活性。低温（400℃）活化的炭称 L-炭，高温（900℃）活化的炭称 H-炭。H-炭必须在惰性气氛中冷却，否则会转变为 L-炭。活性炭的吸附性能与氧化活化时气体的化学性质及其浓度、活化温度、活化程度、活性炭中无机物组成及其含量等因素有关，其中主要取决于活化气体性质及活化温度。

活性炭的含碳量、比表面积、灰分含量及其水悬浮液的 pH 值皆随活化温度的提高而增大。活化温度愈高，残留的挥发物质挥发愈完全，微孔结构愈发达，比表面积和吸附活性愈大。

活性炭中的灰分组成及其含量对炭的吸附活性有很大影响。灰分主要由 K_2O、Na_2O、CaO、MgO、Fe_2O_3、Al_2O_3、P_2O_5、SO_3、Cl^- 等组成，灰分含量与制取活性炭的原料有关，而且，随炭中挥发物的去除，炭中的灰分含量增大。

截至 2020 年，世界活性炭年产量达 100 万吨，其中煤基（质）活性炭占总产量的 2/3 以上；而中国年产量已突破 45 万吨，居世界首位，美国、日本等也是世界主要活性炭产出国。

【实验目标】

知识目标 熟悉活性炭的制备方法，了解活性炭制备的工艺参数；了解活性炭的评价指标；了解活性炭的制备工艺及应用。

技能目标 学会程序控温高温炉、分光光度计、减压过滤等的操作和活性炭碘值及亚甲基蓝吸附值的测定方法。

价值目标 培养价值最大化的价值观；树立可持续发展观和团结合作精神。

【实验原理】

活性炭是具有发达孔隙结构，有很大比表面积和吸附能力的炭。

活性炭是在炭化前、炭化时或炭化后经由气体或与化学品（如氯化锌）作用以增加吸附能力的多孔炭。IUPAC（国际纯粹与应用化学联合会）定义孔的分类为：微孔＜2.0nm；中孔（介孔）2～50nm；大孔＞50nm。通常活性炭孔体积介于 0.2～1mL/g，主要是微孔，比表面积介于 500～1500m^2/g。

1. 活性炭的制备方法。原料有煤，木材，沥青，果壳，秸秆，植物，橡胶等。

制备通常经两个过程：炭化（去除所含的氧等），活化（造孔）。制备活性炭的关键工艺是活化步骤。主要有两种活化法：化学品活化法，用氯化锌，磷酸，盐酸或氢氧化钾等进行活化；气体活化法，用水蒸气或二氧化碳等气体进行活化。

两种活化法各有优缺点，其中采用化学品活化法，炭化过程与活化过程可同时进行。涉及的工艺参数主要是原料、炭化和活化的温度及时间、活化剂的用量。

2. 活性炭性能指标

（1）吸附性　孔体积、孔径、比表面积、碘值、亚甲基蓝吸附值、硫酸大咻吸附量、四氯化碳吸附量、苯酚吸附量。

（2）化学性　无机成分（如水分、灰分、水可抽提成分、各种金属、硫酸盐、磷酸盐）、pH 值。

（3）机械性　粒度、密度、耐磨性、强度。

① 碘值的测定原理（GB/T 12496.8—2015）。一定量的试样与碘液经振荡吸附后，经过滤，取滤液，用硫代硫酸钠溶液滴定滤液中残留的碘量，取剩余碘浓度 0.02mol/L（$1/2I_2$）下每克炭吸附的碘量（以 mg 计）定为碘值。任何吸附剂的吸附量与达到吸附平衡时的吸附质浓度有关。在 GB/T 12496.8—2015 标准中，为了消除不同平衡浓度的影响，采用经验校正因子的方法。

② 亚甲基蓝吸附值的测定原理（GB/T 12496.10—1999）。试样与一定量（以 mL 单位）的亚甲基蓝溶液混合作用后过滤，用分光光度计测定滤液的吸光度，当该吸光度低于规

定浓度下的标准溶液吸光度时，则所需亚甲基蓝毫升数为活性炭的亚甲基蓝吸附值。

注意：①所用的亚甲基蓝溶液的浓度规定为 1.5g/L。②加入 pH 为 7 的缓冲溶液。③亚甲基蓝吸附值以 mL/0.1g 或 mg/g 表示，并且是以活性炭的干重计。④对活性炭样品粒度的要求是 71μm。⑤以 4g/L 的硫酸铜为标准溶液进行对照。

可能存在的两个问题：(1) 对温度要求比较宽 (25±5)℃；(2) 在方法概述中不应该用"低于"规定吸光度，而是用"相当"并指明一个吸光度的允许偏差范围。但这一国家标准的缺点在于没有限定温度，而温度的影响一般是很大的。

【仪器与试剂】

仪器：程序控温高温炉（型号 SX 2.5-10，成都晟杰科技有限公司），分光光度计（型号 UV-3000，上海元析仪器有限公司），真空水泵（型号 SHZ-DIII，郑州予达仪器科技有限公司），抽滤装置 1 套，碱式滴定装置 1 套，碘量瓶或锥形瓶，振荡器，坩埚，移液管，电炉。

试剂：木屑，盐酸，磷酸，KOH，0.0500mol/L 的碘标准溶液，0.1000mol/L 硫代硫酸钠标准溶液，淀粉指示剂，质量分数为 5% 的盐酸，1.50g/L 亚甲基蓝溶液，磷酸氢二钠-磷酸二氢钾缓冲溶液（pH=7），4.0g/L 硫酸铜溶液。

小组合作：考察不同活化剂及活化剂用量对活性炭吸附性能的影响，用量参考表 2。

表 2　不同活化剂及活化剂用量

组号	活化剂	活化剂用量/(g/g)	组号	活化剂	活化剂用量/(g/g)
1	磷酸	0.1	7	KOH	0.2
2	磷酸	0.3	8	KOH	0.3
3	磷酸	0.5	9	HCl	0.05
4	磷酸	0.8	10	HCl	0.1
5	KOH	0.05	11	HCl	0.2
6	KOH	0.1	12	HCl	0.3

注：磷酸直接用浓磷酸；KOH 与水按 1∶3 比例配制；稀盐酸用浓盐酸与水按 1∶9 比例配制。

【实验步骤】

1. 活性炭的制备

(1) 将原料磨碎为 3mm 以下颗粒。

(2) 称量一定量（以所用蒸发皿或坩埚容积大小而定）原料，按表 2 方案加入活化剂并搅拌均匀。

(3) 置于 150 ℃烘箱中干燥 2h。

(4) 转入管式炉，在氮气保护下，以 5℃/min 的速度升温至 650 ℃，并保持 120min，自然冷却至室温，取出。

(5) 将样品先用 1∶9 盐酸洗涤，再用水洗至滤液 pH 接近 7，在 120 ℃烘箱中干燥 10h，制得活性炭。

2. 亚甲基蓝吸附值的测定

(1) 将活性炭粉碎过筛（65～80μm），称量 0.1000g 活性炭两份分别置于两个 100mL 碘量瓶或锥形瓶中，用 10mL 量筒量取 10mL 1.50g/L 亚甲基蓝溶液，用胶头滴管取亚甲基蓝溶液逐滴加到活性炭中，不断摇动，并通过瓶壁将溶液颜色与 4g/L 硫酸铜的颜色比较，颜色相当时，不再加入亚甲基蓝溶液，记录加入的亚甲基蓝溶液的体积，抽滤。

（2）测定滤液的吸光度值并与4g/L硫酸铜的吸光度值比较，如果超过硫酸铜的吸光度值1.5倍或低于硫酸铜吸光度值0.5倍，重新测定。

3. 碘值的测定

（1）称粉碎并过筛（71μm）且在150℃下烘干至恒重的活性炭0.5000g，置于碘量瓶中，加入10mL质量分数为5%的盐酸，在电炉中加热至沸0.5min，冷至室温后，加入50mL 0.0500mol/L的已标定的碘溶液，盖好瓶塞，在振荡器上振荡15min，迅速过滤至干燥的烧杯中。

（2）用移管取10.00mL滤液放入装有100mL蒸馏水的碘量瓶中，用0.1000moL/L硫代硫酸钠滴定剩余的碘。

【数据记录与处理】

1. 碘值计算

$$A=[5(10c_1-1.2c_2V_2)\times 127]D/m$$

式中，A为试样的碘吸附值，mg/g；c_1为碘（$\frac{1}{2}I_2$）标准溶液的浓度，mol/L；c_2为硫代硫酸钠标准溶液的浓度，mol/L；D为校正因子（查表可得）；V_2为硫代硫酸钠标准溶液消耗的体积，mL；m为试样的质量，g。

注意：国家标准是按I来计算碘的物质的量浓度的，而不是按I_2来计算的，因此，前面0.0500mol/L I_2浓度换算为以上公式中应为0.1000mol/L。

2. 亚甲基蓝吸附值计算

亚甲基蓝吸附值（mL/0.1g）$=V_{亚甲基蓝}$(mL)，亚甲基蓝吸附值（mg/g）$=V_{亚甲基蓝}\times 15$

【注意事项和维护】

1. 隔绝氧气与不隔绝氧气，活性炭的性能差别明显。

2. 活化时，注意活化剂用量和活化时间。

思考题

1. 制备活性炭，为什么要分阶段升温煅烧，各阶段的主要作用是什么？

2. 活化活性炭主要原理是什么？如何活化？

3. 活性炭酸洗的目的是什么？如何控制酸洗？

4. 活性炭的吸附性能与哪些因素有关？如何控制这些因素？

附 录

附录1 实验报告模板

实验名称____

学生姓名：________________　　组员姓名：________________

小组序号：________________　　第______周　　星期______

实验日期：____年____月____日　　成　　绩：________________

一、实验目标

1.

2.

3.

二、实验原理（实验流程图）

三、实验内容

1. 仪器

2. 试剂

3. 实验操作步骤

四、实验数据与结果分析

五、实验注意事项

六、思考题

附录 2 项目化教学实验方案报告和总结报告基本要求

实验方案报告基本要求

项目名称		
序号	实验方案 PPT 制作基本要求	备注
1	PPT 首页必须包含项目名称、PPT 汇报人、制作人、班级、小组序号、小组成员等信息	
2	PPT 内容涵盖 10 个以上关键问题	
3	PPT 讲解在 7～10min 内	
4	PPT 图文并茂，图片必须与内容紧密相关	
5	背景与字体颜色对比度必须十分显著	
6	单张 PPT 文字不可太多，切记满版面文字	
7	鼓励多采用逻辑关系图(Word 中 SmartArt 自带的流程图、层次结构图、逻辑关系图、循环图、矩阵图等)	
8	字体一般用 24 号字体以上，清晰可见	
9	鼓励多采用动画、动态图、经典视频	
10	PPT 汇报人必须在组内试讲，并上传试讲视频	

总结报告基本要求

项目名称		
序号	总结报告 PPT 制作基本要求	备注
1	PPT 首页必须包含项目名称、PPT 汇报人、制作人、班级、小组序号、小组成员等信息	
2	PPT 内容涵盖整个实验过程，与方案 PPT 重复率不得超过 10%	
3	PPT 讲解在 5～7min 内	
4	PPT 图文并茂，图片必须是小组在实验过程中拍摄的质量数据、体积读数、颜色(变化)、原始数据记录、实验药品与装置图等	
5	加入数据分析过程，如平均值、误差、偏差等	
6	加入数据结果偏高、偏低、颜色不正等原因分析	
7	鼓励加入实验感想、感言和建议	
8	单张 PPT 文字不可太多，切记满版面文字	
9	鼓励多采用逻辑关系图(Word 中 SmartArt 自带的流程图、层次结构图、逻辑关系图、循环图、矩阵图等)	
10	字体一般用 24 号字体以上，清晰可见	
11	背景与字体颜色对比度必须十分显著	
12	鼓励 PPT 汇报人在组内试讲，并上传试讲视频	

附录 3 项目化教学学生作品要求

学生作品 1 样品接收单

<table>
<tr><td>项目名称</td><td colspan="6"></td></tr>
<tr><td>样品名称</td><td colspan="2"></td><td>样品编号</td><td></td><td>送检部门</td><td></td></tr>
<tr><td>样品外包装</td><td colspan="3"></td><td>样品数量</td><td colspan="2"></td></tr>
<tr><td>样品性状</td><td colspan="6">颜色：　状态：　气味：　密度：
熔点：　沸　点：　着火点：
毒性：　挥发性：　腐蚀性：</td></tr>
<tr><td>项目任务分解与任务分工</td><td colspan="3">□查阅资料
□方案 PPT
□方案预汇报
□填写样品接收单
□任务分工明细表
□方案 PPT 制作员
□方案 PPT 报告员
□方案报告互评评委
□方案报告记录员</td><td colspan="3">□拍摄实验关键点
□实验操作
□总结 PPT 制作员
□总结 PPT 报告员
□总结报告小组互评评委
□总结报告记录员
□药品准备
□数据汇总与处理
□其他任务</td></tr>
<tr><td>样品保存要求</td><td colspan="6">□避光　□密闭　□隔绝空气
□棕色瓶　□塑料瓶　□杀青</td></tr>
<tr><td>测试要求</td><td colspan="6">□定量分析主要成分　□定量分析次要成分
□定性分析杂质成分　□定量分析杂质成分
□测定含水量</td></tr>
<tr><td>检验依据(标准)</td><td colspan="6"></td></tr>
<tr><td>送检人</td><td colspan="3"></td><td>送检时间</td><td colspan="2">年　月　日</td></tr>
<tr><td>接收人</td><td colspan="6">签名：
年　月　日</td></tr>
</table>

注：每个小组一份。

学生作品 2　项目任务分工明细表

<table>
<tr><td colspan="2">项目名称</td><td colspan="3"></td></tr>
<tr><td colspan="2">项目小组</td><td colspan="2"></td><td>项目组长</td></tr>
<tr><td colspan="2">角色岗位与工作内容</td><td>姓名</td><td colspan="2">完成情况评价</td></tr>
<tr><td rowspan="5">资料查询</td><td>资料 A 查询</td><td></td><td colspan="2">优□　良□　中□　差□</td></tr>
<tr><td>资料 B 查询</td><td></td><td colspan="2">优□　良□　中□　差□</td></tr>
<tr><td>资料 C 查询</td><td></td><td colspan="2">优□　良□　中□　差□</td></tr>
<tr><td>资料 D 查询</td><td></td><td colspan="2">优□　良□　中□　差□</td></tr>
<tr><td>资料 E 查询</td><td></td><td colspan="2">优□　良□　中□　差□</td></tr>
<tr><td colspan="2">方案 PPT</td><td></td><td colspan="2">优□　良□　中□　差□</td></tr>
<tr><td colspan="2">任务分工明细表</td><td></td><td colspan="2">优□　良□　中□　差□</td></tr>
<tr><td colspan="2">方案预汇报</td><td></td><td colspan="2">优□　良□　中□　差□</td></tr>
<tr><td colspan="2">填写样品接收单</td><td></td><td colspan="2">优□　良□　中□　差□</td></tr>
<tr><td colspan="2">方案 PPT 制作员</td><td></td><td colspan="2">优□　良□　中□　差□</td></tr>
<tr><td colspan="2">方案 PPT 报告员</td><td></td><td colspan="2">优□　良□　中□　差□</td></tr>
<tr><td colspan="2">方案报告互评评委</td><td></td><td colspan="2">优□　良□　中□　差□</td></tr>
<tr><td colspan="2">方案报告记录员</td><td></td><td colspan="2">优□　良□　中□　差□</td></tr>
<tr><td colspan="2">拍摄实验关键点</td><td></td><td colspan="2">优□　良□　中□　差□</td></tr>
<tr><td colspan="2">实验操作</td><td></td><td colspan="2">优□　良□　中□　差□</td></tr>
<tr><td colspan="2">总结 PPT 制作员</td><td></td><td colspan="2">优□　良□　中□　差□</td></tr>
<tr><td colspan="2">总结 PPT 报告员</td><td></td><td colspan="2">优□　良□　中□　差□</td></tr>
<tr><td colspan="2">总结报告小组互评评委</td><td></td><td colspan="2">优□　良□　中□　差□</td></tr>
<tr><td colspan="2">总结报告记录员</td><td></td><td colspan="2">优□　良□　中□　差□</td></tr>
<tr><td colspan="2">药品准备</td><td></td><td colspan="2">优□　良□　中□　差□</td></tr>
<tr><td colspan="2">数据汇总与处理</td><td></td><td colspan="2">优□　良□　中□　差□</td></tr>
<tr><td colspan="2">其他任务</td><td></td><td colspan="2">优□　良□　中□　差□</td></tr>
</table>

学生作品 3　实验方案 PPT

（见各小组电子版）

学生作品 4　方案设计报告及汇报评分表

评分人签名：　　　　　　　　　　　　　　　　　　报告日期：　　　年　　月　　日

项目名称								
班级			指导教师					
汇报小组　序号			1 组	2 组	3 组	4 组	5 组	6 组
报告人								
PPT 制作	基础分 40	内容正确全面，8 分						
		逻辑清晰，8 分						
		概念、文字正确无误，8 分						
		PPT 不少于 15 页，8 分						
		清楚美观，8 分						
	亮点加分（最高 10 分）	视频，5 分/个						
		Flash 动画，3 分/个						
		相关图片，1 分/个						
		流程图，5 分/个						
		其他加分						
	错误扣分（最高 −10 分）	错别字						
		上下标错						
		错/少方程式						
		计算公式						
		其他扣分						
内容讲解	基础分 40	表达准确流畅，8 分						
		重点突出，8 分						
		声音洪亮，8 分						
		时间 8～15min，8 分						
		回答问题正确，8 分						
	加分（最高 10 分）	预先小组试讲，5～10 分						
		其他加分						
	扣分（最高 −10 分）	超时，−1 分/min						
		不熟、直接读 PPT，−6 分						
		只翻 PPT、不讲，−6 分						
		讲解错误，−2 分/个						
		不文明语言，−10 分						
		其他扣分						
小组方案报告 总分								

学生作品5 实验方案报告情况记录表

<table>
<tr><td colspan="2">项目名称</td><td colspan="4"></td></tr>
<tr><td>报告起止时间</td><td colspan="2">____时____分一____时____分
时长：________ min</td><td>报告人</td><td colspan="2"></td></tr>
<tr><td rowspan="6">方案汇报</td><td colspan="2">知识性问题1(20%)：
答：</td><td colspan="3">知识性问题2(20%)：
答：</td></tr>
<tr><td colspan="2">知识性问题3(20%)：
答：</td><td colspan="3">知识性问题4(20%)：
答：</td></tr>
<tr><td colspan="2">知识性问题5(20%)：
答：</td><td colspan="3"></td></tr>
<tr><td>修改问题1</td><td></td><td>修改问题2</td><td colspan="2"></td></tr>
<tr><td>修改问题3</td><td></td><td>修改问题4</td><td colspan="2"></td></tr>
<tr><td>修改问题5</td><td></td><td>修改问题6</td><td colspan="2"></td></tr>
</table>

学生作品7 总结报告PPT

（见各小组电子版）

学生作品8　总结报告情况记录表

<table>
<tr><td colspan="2">项目名称</td><td colspan="3"></td></tr>
<tr><td colspan="2">报告起止时间</td><td>____时____分—____时____分
时长：________ min</td><td>报告人</td><td></td></tr>
<tr><td rowspan="6">方案汇报</td><td colspan="2">知识性问题 1(20%)：
答：</td><td colspan="2">知识性问题 2(20%)：
答：</td></tr>
<tr><td colspan="2">知识性问题 3(20%)：
答：</td><td colspan="2">知识性问题 4(20%)：
答：</td></tr>
<tr><td colspan="2">知识性问题 5(20%)：
答：</td><td colspan="2"></td></tr>
<tr><td>修改问题 1</td><td></td><td>修改问题 2</td><td></td></tr>
<tr><td>修改问题 3</td><td></td><td>修改问题 4</td><td></td></tr>
<tr><td>修改问题 5</td><td></td><td>修改问题 6</td><td></td></tr>
</table>

学生作品 9　总结报告及汇报评分表

评分人签名：　　　　　　　　　　　　　　　　　报告日期：　　年　　月　　日

<table>
<tr><td colspan="3">项目名称</td><td colspan="6"></td></tr>
<tr><td>班级</td><td colspan="2"></td><td colspan="2">指导教师</td><td colspan="4"></td></tr>
<tr><td colspan="3">汇报小组　序号</td><td>1 组</td><td>2 组</td><td>3 组</td><td>4 组</td><td>5 组</td><td>6 组</td></tr>
<tr><td colspan="3">报告人</td><td></td><td></td><td></td><td></td><td></td><td></td></tr>
<tr><td rowspan="16">PPT 制作</td><td rowspan="5">基础分 40</td><td>内容完整全面，8 分</td><td></td><td></td><td></td><td></td><td></td><td></td></tr>
<tr><td>数据真实完整，8 分</td><td></td><td></td><td></td><td></td><td></td><td></td></tr>
<tr><td>概念、文字正确无误，8 分</td><td></td><td></td><td></td><td></td><td></td><td></td></tr>
<tr><td>PPT 不少于 10 页，8 分</td><td></td><td></td><td></td><td></td><td></td><td></td></tr>
<tr><td>清楚美观，8 分</td><td></td><td></td><td></td><td></td><td></td><td></td></tr>
<tr><td rowspan="6">亮点加分（最高 10 分）</td><td>原始数据图片，2 分/组</td><td></td><td></td><td></td><td></td><td></td><td></td></tr>
<tr><td>相对误差<0.5%，3 分/个</td><td></td><td></td><td></td><td></td><td></td><td></td></tr>
<tr><td>实际溶液配制，3 分/个</td><td></td><td></td><td></td><td></td><td></td><td></td></tr>
<tr><td>实际流程图，3 分/个</td><td></td><td></td><td></td><td></td><td></td><td></td></tr>
<tr><td>数据（问题）分析，2 分/条</td><td></td><td></td><td></td><td></td><td></td><td></td></tr>
<tr><td>其他知识拓展，3 分/个</td><td></td><td></td><td></td><td></td><td></td><td></td></tr>
<tr><td rowspan="5">错误扣分（最高 −10 分）</td><td>上下标错，错别字</td><td></td><td></td><td></td><td></td><td></td><td></td></tr>
<tr><td>无原始数据图</td><td></td><td></td><td></td><td></td><td></td><td></td></tr>
<tr><td>数据（问题）分析</td><td></td><td></td><td></td><td></td><td></td><td></td></tr>
<tr><td>计算公式</td><td></td><td></td><td></td><td></td><td></td><td></td></tr>
<tr><td>其他扣分</td><td></td><td></td><td></td><td></td><td></td><td></td></tr>
<tr><td rowspan="13">内容讲解</td><td rowspan="5">基础分 40</td><td>表达准确流畅，8 分</td><td></td><td></td><td></td><td></td><td></td><td></td></tr>
<tr><td>重点突出，8 分</td><td></td><td></td><td></td><td></td><td></td><td></td></tr>
<tr><td>声音洪亮，8 分</td><td></td><td></td><td></td><td></td><td></td><td></td></tr>
<tr><td>时间 5～8min，8 分</td><td></td><td></td><td></td><td></td><td></td><td></td></tr>
<tr><td>回答问题正确，8 分</td><td></td><td></td><td></td><td></td><td></td><td></td></tr>
<tr><td rowspan="2">加分（最高 10 分）</td><td>预先小组试讲，5～10 分</td><td></td><td></td><td></td><td></td><td></td><td></td></tr>
<tr><td>其他加分</td><td></td><td></td><td></td><td></td><td></td><td></td></tr>
<tr><td rowspan="6">扣分（最高 −10 分）</td><td>超时，−1 分/min</td><td></td><td></td><td></td><td></td><td></td><td></td></tr>
<tr><td>不熟、直接读 PPT，−6 分</td><td></td><td></td><td></td><td></td><td></td><td></td></tr>
<tr><td>只翻 PPT、不讲，−6 分</td><td></td><td></td><td></td><td></td><td></td><td></td></tr>
<tr><td>讲解错误，−2 分/个</td><td></td><td></td><td></td><td></td><td></td><td></td></tr>
<tr><td>不文明语言，−10 分</td><td></td><td></td><td></td><td></td><td></td><td></td></tr>
<tr><td>其他扣分</td><td></td><td></td><td></td><td></td><td></td><td></td></tr>
<tr><td colspan="3">小组总结报告总分</td><td></td><td></td><td></td><td></td><td></td><td></td></tr>
</table>

学生作品10　项目作品完成情况与单项总评成绩

实验名称

专业：　　　　　　　　　　　　　级　　　　班　　　　　　　年　　月　　日

小组	评价	成绩			
		方案	总结	作品	
第 组	互评1			样品接收单(5%)	
	互评2			任务分配表(5%)	
	互评3			方案PPT(30%)	
	互评4			方案PPT试讲(10%)	
	互评5			方案记录表(5%)	
	互评6			原始数据记录(10%)	
	互评平均(30%)			总结PPT(30%)	
	综合成绩(70%)			总结记录表(5%)	
	小计			—	
	比例	30%	30%	—	40%
	总评				

学生作品11　过程评价与关键评价点

项目名称				
流程	任务	小组自评(20%)	评委互评(20%)	综合评定(60%)
咨询	作品1　样品接收单			
	作品2　项目任务分工明细表			
计划	查阅文献资料			
	作品3　实验方案PPT			
	方案PPT与试讲			
决策	作品4　方案设计报告及汇报评分表			
	作品5　实验方案报告情况记录表			
	汇报方案PPT			
	提问			
	答问			
实施	称量			
	配制溶液			
	操作			
	作品6　数据原始记录表(含拍照)			
	计算与数据处理			
检查	作品7　总结报告PPT			
	作品8　总结报告情况记录表			
	作品9　总结报告及汇报评分表			
	作品10　项目完成情况与单项总评成绩			
	提问			
	答问			

学生作品 12　小组成员个人评分表

项目名称：

专业　　　　　______级______班______组　　　　　　年　　月　　日

角色与任务	姓名	担任评委	讲 PPT	制作 PPT	提问	回答	称量	配制溶液	滴定操作	收集资料	计算	拍照等	个人贡献成绩 40%	小组成绩 60%	项目成绩
		最多 8 次	最多 8 次	最多 8 次	最多 60 次	最多 40 次	最多 25 个	最多 25 个	最多 30 个	最多 40 次	最多 12 次	最多 50 个			
		5 分/次	10 分/次	10 分/次	2 分/次	2 分/次	2 分/个	4 分/个	6 分/个	2 分/次	5 分/次	2 分/个			
组长															
秘书															
组员															

注：1. 本表为小组成员个人成绩评定依据，请各组如实填写。
2. 其他贡献包括照相、洗涤、整理台面、整理收集资料、发现错误、更正错误等。
3. 各组个人总次数之和不能超过规定次数。
4. 因错误等原因重做实验计入其他贡献。

附录 4 常见元素的原子量

元素	符号	原子量	元素	符号	原子量	元素	符号	原子量
银	Ag	107.8682	铪	Hf	178.49	铷	Rb	85.468
铝	Al	26.98154	汞	Hg	200.59	铼	Re	186.207
氩	Ar	39.948	钬	Ho	164.9303	铑	Rh	102.9055
砷	As	74.9216	碘	I	126.9045	钌	Ru	101.07
金	Au	196.9665	铟	In	114.82	硫	S	32.066
硼	B	10.811	铱	Ir	192.22	锑	Sb	121.76
钡	Ba	137.33	钾	K	39.098	钪	Sc	44.9559
铍	Be	9.01218	氪	Kr	83.80	硒	Se	78.96
铋	Bi	208.9804	镧	La	138.9055	硅	Si	28.0855
溴	Br	79.904	锂	Li	6.941	钐	Sm	150.36
碳	C	12.011	镥	Lu	174.967	锡	Sn	118.71
钙	Ca	40.078	镁	Mg	24.305	锶	Sr	87.62
镉	Cd	112.41	锰	Mn	54.938	钽	Ta	180.9479
铈	Ce	140.12	钼	Mo	95.94	铽	Tb	158.9254
氯	Cl	35.453	氮	N	14.0067	锝	Tc	98.9062
钴	Co	58.9332	钠	Na	22.98977	碲	Te	127.60
铬	Cr	51.996	铌	Nb	92.9064	钍	Th	232.0381
铯	Cs	132.9054	钕	Nd	144.24	钛	Ti	47.867
铜	Cu	63.546	氖	Ne	20.179	铊	Tl	204.383
镝	Dy	162.50	镍	Ni	58.693	铥	Tm	168.9342
铒	Er	167.26	镎	Np	237.0482	铀	U	238.0289
铕	Eu	151.96	氧	O	15.9994	钒	V	50.9415
氟	F	18.9984	锇	Os	190.23	钨	W	183.84
铁	Fe	55.845	磷	P	30.97376	氙	Xe	131.29
镓	Ga	69.723	铅	Pb	207.2	钇	Y	88.9059
钆	Gd	157.25	钯	Pd	106.42	镱	Yb	173.04
锗	Ge	72.61	镨	Pr	140.9077	锌	Zn	65.39
氢	H	1.00794	铂	Pt	195.08	锆	Zr	91.224
氦	He	4.0026	镭	Ra	226.0254			

附录 5 常见溶剂的溶沸点及性质

溶剂名称	沸点(101.3kPa)/℃	溶解性	毒性
液氨	−33.35	特殊溶解性，能溶解碱金属和碱土金属	剧毒性，腐蚀性
液态二氧化硫	−10.08	溶解胺、醚、醇、苯酚、有机酸、芳香烃、溴、二硫化碳，多数饱和烃不溶	剧毒
甲胺	−6.3	是多数有机物和无机物的优良溶剂，液态甲胺与水、醚、苯、丙酮、低级醇混溶，其盐酸盐易溶于水，不溶于醇、醚、酮、氯仿、乙酸乙酯	中等毒性，易燃

续表

溶剂名称	沸点(101.3kPa)/℃	溶解性	毒性
二甲胺	7.4	是有机物和无机物的优良溶剂，溶于水、低级醇、醚、低极性溶剂	强烈刺激性
石油醚	30～60 60～90 90～120	不溶于水，与丙酮、乙醚、乙酸乙酯、苯、氯仿及甲醇以上高级醇混溶	与低级烷相似
乙醚	34.6	微溶于水，易溶于盐酸，与醇、醚、石油醚、苯、氯仿等多数有机溶剂混溶	麻醉性
戊烷	36.1	与乙醇、乙醚等多数有机溶剂混溶	低毒性
二氯甲烷	39.75	与醇、醚、氯仿、苯、二硫化碳等有机溶剂混溶	低毒，麻醉性强
二硫化碳	46.23	微溶于水，与多种有机溶剂混溶	麻醉性，强刺激性
溶剂石油脑	0～100 100～200	与乙醇、丙酮、戊醇混溶	较其他石油系溶剂大
丙酮	56.12	与水、醇、醚、烃混溶	低毒，类乙醇，但较大
1,1-二氯乙烷	57.28	与醇、醚等大多数有机溶剂混溶	低毒，局部刺激性
氯仿	61.15	与乙醇、乙醚、石油醚、卤代烃、四氯化碳、二硫化碳等混溶	中等毒性，强麻醉性
甲醇	64.5	与水、乙醚、醇、酯、卤代烃、苯、酮混溶	中等毒性，麻醉性
四氢呋喃	66	优良溶剂，与水混溶，很好地溶解乙醇、乙醚、脂肪烃、芳香烃、氯化烃	吸入微毒，经口低毒
己烷	68.7	甲醇部分溶解，与比乙醇高的醇、醚、丙酮、氯仿混溶	低毒，麻醉性，刺激性
三氟乙酸	71.78	与水、乙醇、乙醚、丙酮、苯、四氯化碳、己烷混溶，溶解多种脂肪族、芳香族化合物	
1,1,1-三氯乙烷	74.0	与丙酮、甲醇、乙醚、苯、四氯化碳等有机溶剂混溶	低毒类溶剂
四氯化碳	76.75	与醇、醚、石油醚、石油脑、冰醋酸、二硫化碳、氯代烃混溶	在氯代甲烷中，其毒性最强
乙酸乙酯	77.112	醇、醚、氯仿、丙酮、苯等大多数有机溶剂溶解，能溶解某些金属盐	低毒，麻醉性
乙醇	78.3	与水、乙醚、氯仿、酯、烃类衍生物等有机溶剂混溶	微毒类，麻醉性
丁酮	79.64	与丙酮相似，与醇、醚、苯等大多数有机溶剂混溶	低毒，毒性强于丙酮
苯	80.10	难溶于水，与甘油、乙二醇、乙醇、氯仿、乙醚、四氯化碳、二硫化碳、丙酮、甲苯、二甲苯、冰醋酸、脂肪烃等大多有机物混溶	强烈毒性
环己烷	80.72	与乙醇、高级醇、醚、丙酮、烃、氯代烃、高级脂肪酸、胺类混溶	低毒，中枢抑制作用
乙腈	81.60	与水、甲醇、乙酸甲酯、乙酸乙酯、丙酮、醚、氯仿、四氯化碳、氯乙烯及各种不饱和烃混溶，但是不与饱和烃混溶	中等毒性，吸入大量蒸汽，引起急性中毒
异丙醇	82.40	与乙醇、乙醚、氯仿、水混溶	微毒，类似乙醇
1,2-二氯乙烷	83.48	与乙醇、乙醚、氯仿、四氯化碳等多种有机溶剂混溶	高毒性，致癌
乙二醇二甲醚	85.2	溶于水，与醇、醚、酮、酯、烃、氯代烃等多种有机溶剂混溶。能溶解各种树脂，还是二氧化硫、氯代甲烷、乙烯等气体的优良溶剂	吸入和经口低毒
三氯乙烯	87.19	不溶于水，与乙醇、乙醚、丙酮、苯、乙酸乙酯、脂肪族氯代烃、汽油混溶	有机有毒品

续表

溶剂名称	沸点(101.3kPa)/℃	溶解性	毒性
三乙胺	89.6	在18.7℃以下时可与水混溶，此温度以上微溶于水。易溶于氯仿、丙酮，溶于乙醇、乙醚	易爆，对皮肤黏膜刺激性强
丙腈	97.35	溶解醇、醚、DMF、乙二胺等有机物，与多种金属盐形成加成有机物	高毒性，与氢氰酸相似
庚烷	98.4	与己烷类似	低毒，刺激性，麻醉性
水	100	略	略
硝基甲烷	101.2	与醇、醚、四氯化碳、DMF等混溶	麻醉性，刺激性
1,4-二氧六环	101.32	能与水及多数有机溶剂混溶，溶解能力强	微毒，强于乙醚2～3倍
甲苯	110.63	不溶于水，与甲醇、乙醇、氯仿、丙酮、乙醚、冰醋酸、苯等有机溶剂混溶	低毒类，麻醉作用
硝基乙烷	114.0	与醇、醚、氯仿混溶，溶解多种树脂和纤维素衍生物	局部刺激性较强
吡啶	115.3	与水、醇、醚、石油醚、苯、油类混溶。能溶多种有机物和无机物	低毒，对皮肤黏膜具有刺激性
4-甲基-2-戊酮	115.9	能与乙醇、乙醚、苯等大多数有机溶剂和动植物油相混溶	毒性和局部刺激性较强
乙二胺	117.26	溶于水、乙醇、苯和乙醚，微溶于庚烷	刺激皮肤、眼睛
丁醇	117.7	与醇、醚、苯混溶	低毒，大于乙醇3倍
乙酸	118.1	与水、乙醇、乙醚、四氯化碳混溶，不溶于二硫化碳及C_{12}以上高级脂肪烃	低毒，浓溶液毒性强
乙二醇一甲醚	124.6	与水、醛、醚、苯、乙二醇、丙酮、四氯化碳、DMF等混溶	低毒类
辛烷	125.67	几乎不溶于水，微溶于乙醇，与醚、丙酮、石油醚、苯、氯仿、汽油混溶	低毒性，麻醉性
乙酸丁酯	126.11	优良有机溶剂，广泛应用于医药行业，还可以用作萃取剂	一般条件下毒性不大
吗啉	128.94	其溶解能力强，超过二氧六环、苯和吡啶，与水混溶，溶解丙酮、苯、乙醚、甲醇、乙醇、乙二醇、2-己酮、蓖麻油、松节油、松脂等	腐蚀皮肤，刺激眼和结膜，蒸汽引起肝肾病变
氯苯	131.69	能与醇、醚、脂肪烃、芳香烃和有机氯化物等多种有机溶剂混溶	低于苯，损害中枢系统
乙二醇一乙醚	135.6	与乙二醇一甲醚相似，但是极性小，与水、醇、醚、四氯化碳、丙酮混溶	低毒类，二级易燃液体
对二甲苯	138.35	不溶于水，与醇、醚和其他有机溶剂混溶	一级易燃液体
二甲苯	138.5～141.5	不溶于水，与乙醇、乙醚、苯、烃等有机溶剂混溶，乙二醇、甲醇、2-氯乙醇等极性溶剂部分溶解	一级易燃液体，低毒类
间二甲苯	139.10	不溶于水，与醇、醚、氯仿混溶，室温下溶解乙腈、DMF等	一级易燃液体
邻二甲苯	144.41	不溶于水，与乙醇、乙醚、氯仿等混溶	一级易燃液体
N,*N*-二甲基甲酰胺	153.0	与水、醇、醚、酮、不饱和烃、芳香烃等混溶，溶解能力强	低毒
环己酮	155.65	与甲醇、乙醇、苯、丙酮、己烷、乙醚、硝基苯、石油脑、二甲苯、乙二醇、乙酸异戊酯、二乙胺及其他多种有机溶剂混溶	低毒类，有麻醉性，中毒概率比较小

续表

溶剂名称	沸点(101.3kPa)/℃	溶解性	毒性
环己醇	161	与醇、醚、二硫化碳、丙酮、氯仿、苯、脂肪烃、芳香烃、卤代烃混溶	低毒，无血液毒性，刺激性
N,*N*-二甲基乙酰胺	166.1	溶解不饱和脂肪烃，与水、醚、酯、酮、芳香族化合物混溶	微毒类
糠醛	161.8	与醇、醚、氯仿、丙酮、苯等混溶，部分溶解低沸点脂肪烃，无机物一般不溶	有毒性，刺激眼睛，催泪
N-甲基甲酰胺	180～185	与苯混溶，溶于水和醇，不溶于醚	一级易燃液体
苯酚(石炭酸)	181.2	溶于乙醇、乙醚、乙酸、甘油、氯仿、二硫化碳和苯等，难溶于烃类溶剂，65.3℃以上与水混溶，65.3℃以下与水分层	高毒类，对皮肤、黏膜有强烈腐蚀性，可经皮肤吸收中毒
1,2-丙二醇	187.3	与水、乙醇、乙醚、氯仿、丙酮等多种有机溶剂混溶	低毒，吸湿，不宜静注
二甲亚砜	189.0	与水、甲醇、乙醇、乙二醇、甘油、乙醛、丙酮、乙酸乙酯、吡啶、芳烃混溶	微毒，对眼有刺激性
邻甲酚	190.95	微溶于水，能与乙醇、乙醚、苯、氯仿、乙二醇、甘油等混溶	参照甲酚
N,*N*-二甲基苯胺	193	微溶于水，能随水蒸气挥发，与醇、醚、氯仿、苯等混溶，能溶解多种有机物	抑制中枢和循环系统，经皮肤吸收中毒
乙二醇	197.85	与水、乙醇、丙酮、乙酸、甘油、吡啶混溶，对氯仿、乙醚、苯、二硫化碳等难溶，对烃类、卤代烃不溶，溶解食盐、氯化锌等无机物	低毒类，可经皮肤吸收中毒
对甲酚	201.88	参照甲酚	参照甲酚
N-甲基吡咯烷酮	202	与水混溶，除低级脂肪烃，可以溶解大多无机物、有机物、极性气体、高分子化合物	毒性低，不可内服
间甲酚	202.7	参照甲酚	与甲酚相似，参照甲酚
苄醇	205.45	与乙醇、乙醚、氯仿混溶，20℃在水中溶解3.8%(质量分数)	低毒，黏膜刺激性
甲酚	210	微溶于水，能与乙醇、乙醚、苯、氯仿、乙二醇、甘油等混溶	低毒类，腐蚀性，与苯酚相似
甲酰胺	210.5	与水、醇、乙二醇、丙酮、乙酸、二氧六环、甘油、苯酚混溶，几乎不溶于脂肪烃、芳香烃、醚、卤代烃、氯苯、硝基苯等	皮肤、黏膜刺激性、经皮肤吸收
硝基苯	210.9	几乎不溶于水，与醇、醚、苯等有机物混溶，对有机物溶解能力强	剧毒，可经皮肤吸收
乙酰胺	221.15	溶于水、醇、吡啶、氯仿、甘油、热苯、丁酮、丁醇、苄醇，微溶于乙醚	毒性较低
六甲基磷酸三酰胺	233	与水混溶，与氯仿络合，溶于醇、醚、酯、苯、酮、烃、卤代烃等	较大毒性
喹啉	237.10	溶于热水、稀酸、乙醇、乙醚、丙酮、苯、氯仿、二硫化碳等	中等毒性，刺激皮肤和眼
乙二醇碳酸酯	238	与热水、醇、苯、醚、乙酸乙酯、乙酸混溶，干燥醚、四氯化碳、石油醚、CCl_4中不溶	毒性低
二甘醇	244.8	与水、乙醇、乙二醇、丙酮、氯仿、糠醛混溶，与乙醚、四氯化碳等不混溶	微毒，经皮肤吸收，刺激性小
丁二腈	267	溶于水，易溶于乙醇和乙醚，微溶于二硫化碳、己烷	中等毒性
环丁砜	287.3	几乎能与所有有机溶剂混溶，除脂肪烃外能溶解大多数有机物	
甘油	290.0	与水、乙醇混溶，不溶于乙醚、氯仿、二硫化碳、苯、四氯化碳、石油醚	食用对人体无毒

附录 6 常用危险化学品储存禁忌物配存表

危险化学品的种类和名称				配存顺号																								
危险化学品	爆炸品		点火器材	1	1																							
	爆炸品		起爆器材	2	×	2																						
	爆炸品		炸药及爆炸性药品（不同品名的不得在同一库内配存）	3	×	×	3																					
	爆炸品		其他爆炸品	4	△	×	×	4																				
	氧化剂		有机氧化剂	5	×	×	×	×	5																			
	氧化剂		亚硝酸盐、亚氯酸盐、次亚氯酸盐①	6	△	△	△	△	×	6																		
	氧化剂		其他无机氧化剂②	7	△	△	△	△	×	×	7																	
	压缩气体和液化气体		剧毒（液氯与液氨不能在一库内配存）	8		×	×	×	×	×	×	8																
	压缩气体和液化气体		易燃	9	△	×	×	△	×	△	△		9															
	压缩气体和液化气体		助燃（氧及氧空钢瓶不得与油脂在同一库内配存）	10	△	×	×	△					△	10														
	压缩气体和液化气体		不燃	11		×	×								11													
	自燃物品		一级	12	△	×	×	×	×	△	△	×	×	×		12												
	自燃物品		二级	13		×	×	△				×	△	△			13											
	遇水燃烧物品（不得与含水液体货物在同一库内配存）			14		×	×	×	△	△	△	△	△	△		×		14										
	易燃液体			15	△	×	×	×	×	△	×	×		×		×	△		15									
	易燃固体（H发孔剂不可与酸性腐蚀物品及有毒和易燃酯类危险货物配存）			16		×	×	△	×	△	△	×		×		×				16								
	毒害品		氰化物	17		△	△														17							
	毒害品		其他毒害品	18		△	△															18						
	腐蚀物品	酸性腐蚀物品	溴	19	△	×	×	×	×				△			×	△	△	△		×	△	19					
	腐蚀物品	酸性腐蚀物品	过氧化氢	20	△	×	×	△	△							△	△	×	△		×	△		20				
	腐蚀物品	酸性腐蚀物品	硝酸、发烟硝酸、硫酸、发烟硫酸、氯磺酸	21	△	×	×	×	×	×	1	×	×	△	△	×	×	△	△	△	×	△	△	△	21			
	腐蚀物品	酸性腐蚀物品	其他酸性腐蚀物品	22	△	×	×	△	△	△	△	△	△			△		△			×	△		△	△	22		
	腐蚀物品	碱性及其他腐蚀物品	生石灰、漂白粉	23		△	△	△		△	△								△					△	×	△	23	
	腐蚀物品	碱性及其他腐蚀物品	其他（无水肼、水合肼、氨水不得与氧化剂配存）	24														△							×			24

注：1. 无配存符号表示可以配存。

2. △表示可以配存，堆放时至少隔离 2m。

3. ×表示不可以配存。

4. 有注释时按注释规定办理。

① 除硝酸盐（如硝酸钠、硝酸钾、硝酸铵等）与硝酸、发烟硝酸可以配存外，其他情况均不得配存。

② 无机氧化剂不得与松软的粉状可燃物（如煤粉、焦粉、炭墨、糖、淀粉、锯末等）配存。

附录 7　剧毒化学品一览表

序号	名称或别名	序号	名称或别名
1	威菌磷	34	2-氯乙基二乙胺
2	烯丙胺	35	硫环磷
3	全氟异丁烯	36	地胺磷
4	八甲磷	37	丁硫环磷
5	八氯六氢亚甲基苯并呋喃;碳氯灵	38	内吸磷
6	苯硫酚;巯基苯;硫代苯酚	39	扑杀磷
7	二氯化苯胂;二氯苯胂	40	对氧磷
8	灭鼠优	41	对硫磷
9	乙基氰	42	毒虫畏
10	丙炔醇;炔丙醇	43	虫线磷
11	丙酮合氰化氢;氰丙醇	44	乙拌磷
12	烯丙醇;蒜醇;乙烯甲醇	45	丰索磷
13	2-甲基氮丙啶;丙撑亚胺	46	盐酸依米丁
14	三氮化钠	47	甲拌磷
15	甲基乙烯基酮;丁烯酮	48	发硫磷
16	毒鼠硅;氯硅宁;硅灭鼠	49	氯甲硫磷
17	敌鼠	50	特丁硫磷
18	鼠甘伏;甘氟	51	二乙汞
19	一氧化二氟	52	氟
20	速灭磷	53	氟醋酸
21	甲硫磷	54	氟乙酸甲酯
22	百治磷	55	氟醋酸钠
23	久效磷	56	氟乙酰胺
24	2-(二甲氨基)乙腈	57	十硼烷;十硼氢
25	甲基对氧磷	58	4-己烯-1-炔-3-醇
26	二甲基肼[不对称];N,N-二甲基肼	59	硫酸化烟碱
27	二甲基肼[对称]	60	二硝酚
28	二甲基硫代磷酰氯	61	甲胺磷
29	双甲胍;马钱子碱	62	涕灭威
30	番木鳖碱	63	久效威
31	克百威	64	烟碱;尼古丁
32	毒鼠强	65	氯化硫酰甲烷;甲烷磺酰氯
33	胺吸磷	66	一甲肼;甲基联氨

续表

序号	名称或别名	序号	名称或别名
67	甲磺氰酰；甲基磺酰氰	102	白砒；砒霜；亚砷酸酐
68	石房蛤毒素(盐酸盐)	103	三丁胺
69	抗霉素 A	104	砷化三氢；胂
70	镰刀菌酮 X	105	二异丙基氟磷酸酯；丙氟磷
71	磷化三氢；膦	106	氮芥；双(氯乙基)甲胺
72	三氯化硫磷；三氯硫磷	107	尿嘧啶芳芥；嘧啶苯芥
73	硫酸三乙基锡	108	毒鼠磷
74	硫酸亚铊	109	甲氟磷
75	2,3-二氯六氟-2-丁烯	110	二噁英；四氯二苯二噁英
76	狄氏剂	111	杀鼠醚
77	异狄氏剂	112	四硝基甲烷
78	异艾氏剂	113	治螟磷
79	艾氏剂	114	氯鼠酮
80	全氯环戊二烯	115	特普
81	液氯；氯气	116	发动机燃料抗爆混合物
82	锇酸酐	117	光气
83	氯化磷酸二乙酯	118	四羰基镍；四碳酰镍
84	氯化高汞；二氯化汞；升汞	119	附子精
85	氰化氯；氯甲腈	120	五氟化氯
86	甲基氯甲醚；氯二甲醚	121	五氯酚
87	氯碳酸甲酯	122	2,3,4,7,8-五氯二苯并呋喃
88	氯碳酸乙酯	123	过氯化锑；氯化锑
89	乙撑氯醇；氯乙醇	124	羰基铁
90	乳腈	125	砷酸酐；五氧化砷；氧化砷
91	乙醇腈	126	五硼烷
92	羟甲唑啉	127	硒酸钠
93	氰甲汞胍	128	枣红色基 GP
94	氰化镉	129	溴鼠灵
95	氰化钾	130	溴敌隆
96	氰化钠	131	亚砒酸钙
97	无水氢氰酸	132	重亚硒酸钠
98	银氰化钾	133	硫代磷酸-*O*,*O*-二乙基-*S*-(4-硝基苯基)酯
99	三氯硫氯甲烷；过氯甲硫醇	134	一氧化汞；黄降汞；红降汞
100	乳酸苯汞三乙醇铵	135	一氟乙酸对溴苯胺
101	氯化苦；硝基三氯甲烷	136	苯硫膦

续表

序号	名称或别名	序号	名称或别名
137	地虫硫膦	143	二乙烯砜
138	二硼烷	144	N-乙烯基氮丙环
139	乙酸高汞;醋酸汞	145	异索威
140	醋酸甲氧基乙基汞	146	苯基异氰酸酯
141	醋酸三甲基锡	147	甲基异氰酸酯
142	三乙基乙酸锡	148	吖丙啶;氮丙啶

附录 8 易制爆危险化学品名录（2017 年版）

序号	品名	别名	CAS 号	主要的燃爆危险性分类
1 酸类				
1.1	硝酸		7697-37-2	氧化性液体，类别 3
1.2	发烟硝酸		52583-42-3	氧化性液体，类别 1
1.3	高氯酸(浓度>72%)	过氯酸	7601-90-3	氧化性液体，类别 1
	高氯酸(浓度 50%～72%)			氧化性液体，类别 1
	高氯酸(浓度≤50%)			氧化性液体，类别 2
2 硝酸盐类				
2.1	硝酸钠		7631-99-4	氧化性固体，类别 3
2.2	硝酸钾		7757-79-1	氧化性固体，类别 3
2.3	硝酸铯		7789-18-6	氧化性固体，类别 3
2.4	硝酸镁		10377-60-3	氧化性固体，类别 3
2.5	硝酸钙		10124-37-5	氧化性固体，类别 3
2.6	硝酸锶		10042-76-9	氧化性固体，类别 3
2.7	硝酸钡		10022-31-8	氧化性固体，类别 2
2.8	硝酸镍	二硝酸镍	13138-45-9	氧化性固体，类别 2
2.9	硝酸银		7761-88-8	氧化性固体，类别 2
2.10	硝酸锌		7779-88-6	氧化性固体，类别 2
2.11	硝酸铅		10099-74-8	氧化性固体，类别 2
3 氯酸盐类				
3.1	氯酸钠		7775-09-9	氧化性固体，类别 1
	氯酸钠溶液			氧化性液体，类别 3*

续表

序号	品名	别名	CAS 号	主要的燃爆危险性分类
3.2	氯酸钾		3811-04-9	氧化性固体，类别 1
	氯酸钾溶液			氧化性液体，类别 3*
3.3	氯酸铵		10192-29-7	爆炸物，不稳定爆炸物
4 高氯酸盐类				
4.1	高氯酸锂	过氯酸锂	7791-03-9	氧化性固体，类别 2
4.2	高氯酸钠	过氯酸钠	7601-89-0	氧化性固体，类别 1
4.3	高氯酸钾	过氯酸钾	7778-74-7	氧化性固体，类别 1
4.4	高氯酸铵	过氯酸铵	7790-98-9	爆炸物，1.1 项 氧化性固体，类别 1
5 重铬酸盐类				
5.1	重铬酸锂		13843-81-7	氧化性固体，类别 2
5.2	重铬酸钠	红矾钠	10588-01-9	氧化性固体，类别 2
5.3	重铬酸钾	红矾钾	7778-50-9	氧化性固体，类别 2
5.4	重铬酸铵	红矾铵	7789-09-5	氧化性固体，类别 2*
6 过氧化物和超氧化物类				
6.1	过氧化氢溶液（含量>8%）	双氧水	7722-84-1	(1)含量≥60% 氧化性液体，类别 1 (2)20%≤含量<60% 氧化性液体，类别 2 (3)8%<含量<20% 氧化性液体，类别 3
6.2	过氧化锂	二氧化锂	12031-80-0	氧化性固体，类别 2
6.3	过氧化钠	双氧化钠；二氧化钠	1313-60-6	氧化性固体，类别 1
6.4	过氧化钾	二氧化钾	17014-71-0	氧化性固体，类别 1
6.5	过氧化镁	二氧化镁	1335-26-8	氧化性液体，类别 2
6.6	过氧化钙	二氧化钙	1305-79-9	氧化性固体，类别 2
6.7	过氧化锶	二氧化锶	1314-18-7	氧化性固体，类别 2
6.8	过氧化钡	二氧化钡	1304-29-6	氧化性固体，类别 2
6.9	过氧化锌	二氧化锌	1314-22-3	氧化性固体，类别 2
6.10	过氧化脲	过氧化氢尿素；过氧化氢脲	124-43-6	氧化性固体，类别 3
6.11	过乙酸（含量≤16%，含水≥39%，含乙酸≥15%，含过氧化氢≤24%，含有稳定剂）	过醋酸；过氧乙酸；乙酰过氧化氢	79-21-0	有机过氧化物 F 型
	过乙酸（含量≤43%，含水≥5%，含乙酸≥35%，含过氧化氢≤6%，含有稳定剂）			易燃液体，类别 3 有机过氧化物，D 型
6.12	过氧化二异丙苯（52%<含量≤100%）	二枯基过氧化物；硫化剂 DCP	80-43-3	有机过氧化物，F 型

续表

序号	品名	别名	CAS号	主要的燃爆危险性分类
6.13	过氧化氢苯甲酰	过苯甲酸	93-59-4	有机过氧化物,C型
6.14	超氧化钠		12034-12-7	氧化性固体,类别1
6.15	超氧化钾		12030-88-5	氧化性固体,类别1
7 易燃物还原剂类				
7.1	锂	金属锂	7439-93-2	遇水放出易燃气体的物质和混合物,类别1
7.2	钠	金属钠	7440-23-5	遇水放出易燃气体的物质和混合物,类别1
7.3	钾	金属钾	7440-09-7	遇水放出易燃气体的物质和混合物,类别1
7.4	镁		7439-95-4	(1)粉末:自热物质和混合物,类别1; 遇水放出易燃气体的物质和混合物,类别2; (2)丸状、旋屑或带状:易燃固体,类别2
7.5	镁铝粉	镁铝合金粉		遇水放出易燃气体的物质和混合物,类别2; 自热物质和混合物,类别1
7.6	铝粉		7429-90-5	(1)有涂层:易燃固体,类别1; (2)无涂层:遇水放出易燃气体的物质和混合物,类别2
7.7	硅铝 硅铝粉		57485-31-1	遇水放出易燃气体的物质和混合物,类别3
7.8	硫磺	硫	7704-34-9	易燃固体,类别2
7.9	锌尘		7440-66-6	自热物质和混合物,类别1;遇水放出易燃气体的物质和混合物,类别1
	锌粉			自热物质和混合物,类别1;遇水放出易燃气体的物质和混合物,类别1
	锌灰			遇水放出易燃气体的物质和混合物,类别3
7.10	金属锆		7440-67-7	易燃固体,类别2
	金属锆粉	锆粉		自燃固体,类别1,遇水放出易燃气体的物质和混合物,类别1
7.11	六亚甲基四胺	六甲撑四胺;乌洛托品	100-97-0	易燃固体,类别2
7.12	1,2-乙二胺	1,2-二氨基乙烷;乙撑二胺	107-15-3	易燃液体,类别3

续表

序号	品名	别名	CAS 号	主要的燃爆危险性分类
7.13	一甲胺[无水]	氨基甲烷;甲胺	74-89-5	易燃气体,类别 1
	一甲胺溶液	氨基甲烷溶液;甲胺溶液		易燃液体,类别 1
7.14	硼氢化锂	氢硼化锂	16949-15-8	遇水放出易燃气体的物质和混合物,类别 1
7.15	硼氢化钠	氢硼化钠	16940-66-2	遇水放出易燃气体的物质和混合物,类别 1
7.16	硼氢化钾	氢硼化钾	13762-51-1	遇水放出易燃气体的物质和混合物,类别 1
8 硝基化合物类				
8.1	硝基甲烷		75-52-5	易燃液体,类别 3
8.2	硝基乙烷		79-24-3	易燃液体,类别 3
8.3	2,4-二硝基甲苯		121-14-2	
8.4	2,6-二硝基甲苯		606-20-2	
8.5	1,5-二硝基萘		605-71-0	易燃固体,类别 1
8.6	1,8-二硝基萘		602-38-0	易燃固体,类别 1
8.7	二硝基苯酚(干的或含水<15%)		25550-58-7	爆炸物,1.1 项
	二硝基苯酚溶液			
8.8	2,4-二硝基苯酚(含水≥15%)	1-羟基-2,4-二硝基苯	51-28-5	易燃固体,类别 1
8.9	2,5-二硝基苯酚(含水≥15%)		329-71-5	易燃固体,类别 1
8.10	2,6-二硝基苯酚(含水≥15%)		573-56-8	易燃固体,类别 1
8.11	2,4-二硝基苯酚钠		1011-73-0	爆炸物,1.3 项
9 其他				
9.1	硝化纤维素(干的或含水(或乙醇)<25%)	硝化棉	9004-70-0	爆炸物,1.1 项
	硝化纤维素(含氮≤12.6%,含乙醇≥25%)			易燃固体,类别 1
	硝化纤维素(含氮≤12.6%)			易燃固体,类别 1
	硝化纤维素(含水≥25%)			易燃固体,类别 1
	硝化纤维素(含乙醇≥25%)			爆炸物,1.3 项
	硝化纤维素(未改型的,或增塑的,含增塑剂<18%)			爆炸物,1.1 项
	硝化纤维素溶液(含氮量≤12.6%,含硝化纤维素≤55%)	硝化棉溶液		易燃液体,类别 2

续表

序号	品名	别名	CAS号	主要的燃爆危险性分类
9.2	4,6-二硝基-2-氨基苯酚钠	苦氨酸钠	831-52-7	爆炸物,1.3项
9.3	高锰酸钾	过锰酸钾;灰锰氧	7722-64-7	氧化性固体,类别2
9.4	高锰酸钠	过锰酸钠	10101-50-5	氧化性固体,类别2
9.5	硝酸胍	硝酸亚氨脲	506-93-4	氧化性固体,类别3
9.6	水合肼	水合联氨	10217-52-4	
9.7	2,2-双(羟甲基)1,3-丙二醇	季戊四醇、四羟甲基甲烷	115-77-5	

注：1. 各栏目的含义：

"序号"是《易制爆危险化学品名录》(2017年版)中化学品的顺序号；

"品名"是根据《化学命名原则》(1980)确定的名称；

"别名"是除"品名"以外的其他名称，包括通用名、俗名等；

"CAS号"是Chemical Abstract Service的缩写，是美国化学文摘社对化学品的唯一登记号，是检索化学物质有关信息资料最常用的编号；

"主要的燃爆危险性分类"：根据《化学品分类和标签规范》系列标准(GB 30000.2—2013～GB 30000.29—2013)等国家标准，对某种化学品燃烧爆炸危险性进行的分类。

2. 除列明的条目外，无机盐类同时包括无水和含有结晶水的化合物。

3. 混合物之外无含量说明的条目，是指该条目的工业产品或者纯度高于工业产品的化学品。

4. 标记"*"的类别，是指在有充分依据的条件下，该化学品可以采用更严格的类别。

附录9　常见弱电解质的解离常数

名称	化学式	解离常数,K(温度298K)	pK
醋酸	HAc	1.76×10^{-5}	4.75
碳酸	H_2CO_3	$K_1=4.3\times10^{-7}$	6.37
		$K_2=5.61\times10^{-11}$	10.25
草酸	$H_2C_2O_4$	$K_1=5.9\times10^{-2}$	1.23
		$K_2=6.4\times10^{-5}$	4.19
亚硝酸	HNO_2	4.6×10^{-4}(285.5K)	3.37
磷酸	H_3PO_4	$K_1=7.52\times10^{-3}$	2.12
		$K_2=6.23\times10^{-8}$	7.21
		$K_3=2.2\times10^{-13}$(291K)	12.67
亚硫酸	H_2SO_3	$K_1=1.54\times10^{-2}$(291K)	1.81
		$K_2=1.02\times10^{-7}$	6.91
硫化氢	H_2S	$K_1=9.1\times10^{-8}$(291K)	7.04
		$K_2=1.1\times10^{-12}$	11.96

续表

名称	化学式	解离常数，K（温度 298K）	pK
氢氰酸	HCN	4.93×10^{-10}	9.31
硼酸	H_3BO_3	5.8×10^{-10}	9.24
氢氟酸	HF	3.53×10^{-4}	3.45
氨水	$NH_3\cdot H_2O$	1.79×10^{-5}	4.75
氢氧化铝	$Al(OH)_3$	5.01×10^{-9}	8.3
	$Al(OH)_2^+$	1.99×10^{-10}	9.7
甲酸	$HCOOH$	1.77×10^{-4}(293K)	3.75
氯乙酸	$ClCH_2COOH$	1.4×10^{-3}	2.85
氨基乙酸	NH_2CH_2COOH	1.67×10^{-10}	9.78
邻苯二甲酸	$C_6H_4(COOH)_2$	$K_1=1.12\times10^{-3}$	2.95
		$K_2=3.91\times10^{-6}$	5.41
柠檬酸	$(HOOCCH_2)_2C(OH)COOH$	$K_1=7.1\times10^{-4}$	3.14
		$K_2=1.68\times10^{-5}$(293K)	4.77
		$K_3=4.1\times10^{-7}$	6.39
苯酚	C_6H_5OH	1.28×10^{-10}(293K)	9.89

附录 10 难溶电解质的标准溶度积常数

难溶电解质		溶度积（18～25℃）	难溶电解质		溶度积（18～25℃）
名称	化学式		名称	化学式	
氟化钙	CaF_2	5.3×10^{-9}	二溴化铅	$PbBr_2$	4.0×10^{-5}
氟化锶	SrF_2	2.5×10^{-9}	碘化银	AgI	8.3×10^{-17}
氟化钡	BaF_2	1.0×10^{-6}	碘化亚铜	CuI	1.1×10^{-12}
二氯化铅	$PbCl_2$	1.6×10^{-5}	碘化亚汞	Hg_2I_2	4.5×10^{-29}
氯化亚铜	$CuCl$	1.2×10^{-6}	硫化铅	PbS	8.0×10^{-28}
氯化银	$AgCl$	1.8×10^{-10}	硫化亚锡	SnS	1.0×10^{-25}
氯化亚汞	Hg_2Cl_2	1.3×10^{-18}	三硫化二砷	$As_2S_3^2$	2.1×10^{-22}
二碘化铅	PbI_2	7.1×10^{-9}	三硫化二锑	$Sb_2S_3^2$	1.5×10^{-93}
溴化亚铜	$CuBr$	5.3×10^{-9}	三硫化二铋	$Bi_2S_3^2$	1×10^{-97}
溴化银	$AgBr$	5.0×10^{-13}	硫化亚铜	Cu_2S	2.5×10^{-48}
溴化亚汞	Hg_2Br_2	5.6×10^{-23}	硫化铜	CuS	6.3×10^{-36}

续表

难溶电解质		溶度积（18～25℃）	难溶电解质		溶度积（18～25℃）
名称	化学式		名称	化学式	
硫化银	Ag_2S	6.3×10^{-50}	铬酸银	Ag_2CrO_4	1.1×10^{-12}
硫化锌	α-ZnS	1.6×10^{-24}	重铬酸银	$Ag_2Cr_2O_7$	2.0×10^{-7}
	β-ZnS	2.5×10^{-22}	硫化亚锰	MnS	1.4×10^{-15}
硫化镉	CdS	8.0×10^{-27}	氢氧化钴	$Co(OH)_3$	1.6×10^{-44}
硫化汞	HgS(红)	4.0×10^{-53}	氢氧化亚钴	Co(OH)(红)	2×10^{-16}
	HgS(黑)	1.6×10^{-52}		$Co(OH)_2$ 新↓	1.6×10^{-15}
硫化亚铁	FeS	6.3×10^{-18}	氯化氧铋	BiOCl	1.8×10^{-31}
硫化钴	α-CoS	4.0×10^{-21}	碱式氯化铅	PbOHCl	2.0×10^{-14}
	β-CoS	2.0×10^{-25}	氢氧化镍	$Ni(OH)_2$	2.0×10^{-15}
硫化镍	α-NiS	3.2×10^{-19}	硫酸钙	$CaSO_4$	9.1×10^{-6}
	β-NiS	1.0×10^{-24}	硫酸锶	$SrSO_4$	4.0×10^{-8}
	γ-NiS	2.0×10^{-25}	硫酸钡	$BaSO_4$	1.1×10^{-10}
氢氧化铝	$Al(OH)_3$（无定形）	1.3×10^{-33}	硫酸铅	$PbSO_4$	1.6×10^{-8}
氢氧化镁	$Mg(OH)_2$	1.8×10^{-11}	硫酸银	Ag_2SO_4	1.4×10^{-5}
氢氧化钙	$Ca(OH)_2$	5.5×10^{-6}	亚硫酸银	Ag_2SO_3	1.5×10^{-14}
氢氧化亚铜	CuOH	1.0×10^{-14}	硫酸亚汞	Hg_2SO_4	7.4×10^{-7}
氢氧化铜	$Cu(OH)_2$	2.2×10^{-20}	碳酸镁	$MgCO_3$	3.5×10^{-8}
氢氧化银	AgOH	2.0×10^{-8}	碳酸钙	$CaCO_3$	2.8×10^{-9}
氢氧化锌	$Zn(OH)_2$	1.2×10^{-17}	碳酸锶	$SrCO_3$	1.1×10^{-10}
氢氧化镉	$Cd(OH)_2$ 新↓	2.5×10^{-14}	草酸镁	MgC_2O_4	8.6×10^{-5}
氢氧化铬	$Cr(OH)_3$	6.3×10^{-31}	草酸钙	$CaC_2O_4\cdot H_2O$	2.6×10^{-9}
氢氧化亚锰	$Mn(OH)_2$	1.9×10^{-13}	草酸钡	BaC_2O_4	1.6×10^{-7}
氢氧化亚铁	$Fe(OH)_2$	1.8×10^{-16}	草酸锶	$SrC_2O_4\cdot H_2O$	2.2×10^{-5}
氢氧化铁	$Fe(OH)_3$	4×10^{-38}	草酸亚铁	$FeC_2O_4\cdot 2H_2O$	3.2×10^{-7}
碳酸钡	$BaCO_3$	5.4×10^{-9}	草酸铅	PbC_2O_4	4.8×10^{-10}
铬酸钙	$CaCrO_4$	7.1×10^{-4}	六氰合铁(Ⅱ)酸铁	$Fe_4[Fe(CN)_6]_3$	3.3×10^{-41}
铬酸锶	$SrCrO_4$	2.2×10^{-5}	六氰合铁(Ⅱ)酸铜	$Cu_2[Fe(CN)_6]$	1.3×10^{-16}
铬酸钡	$BaCrO_4^{2}$	1.6×10^{-10}	碘酸铜	$Cu(IO_3)_2$	7.4×10^{-8}
铬酸铅	$PbCrO_4$	2.8×10^{-13}			

资料来源：数据摘自 Dean. Lange's Handbook of Chemistry. 14th ed. New York：McGraw Hill，1992。

附录 11　常用酸碱溶液的密度、质量分数和浓度

酸/碱	分子式	密度/(g/L)	质量分数/%	浓度/(mol/L)
浓盐酸 稀盐酸	HCl	1.18～1.19 1.10	36.0～38 20	11.6～12.4 6
浓硫酸 稀硫酸	H_2SO_4	1.83～1.84 1.18	95～98 25	17.8～18.4 3
冰醋酸 稀醋酸	CH_3COOH	1.05 1.04	99～99.8 34	17.4 6
浓硝酸 稀硝酸	HNO_3	1.39～1.42 1.19	65～72 32	14～16 6
磷酸	H_3PO_4	1.69	85	14.6
高氯酸	$HClO_4$	1.68	70～72	12
氢溴酸	HBr	1.49	47	8.6
氢氟酸	HF	1.13	40	22.5
浓氨水 稀氨水	$NH_3 \cdot H_2O$	0.88～0.90 0.96	25～28 10	13～15 6
稀氢氧化钠	$NaOH$	1.22	20	6

参考文献

[1] 李强林，肖秀婵，任亚琦．工科大学化学［M］．北京：化学工业出版社，2021.

[2] 任健敏，赵三银．大学化学实验［M］．北京：化学工业出版社，2011.

[3] 刘汉标，石建新，邹小勇．基础化学实验［M］．北京：科学出版社，2008.

[4] 李梦龙，蒲雪梅．分析化学数据手册［M］．北京：化学工业出版社，2009.

[5] 蒲雪梅，陈华．大学化学实验［M］．北京：化学工业出版社，2015.

[6] 王玉良，陈静蓉．有机化学实验［M］．北京：科学出版社，2020.

[7] 许新华，王晓岗，王国平．物理化学实验［M］．北京：化学工业出版社，2017.

[8] 杨海英，郭俊明，王红斌．仪器分析实验［M］．北京：科学出版社，2015.

[9] 罗立强，徐引娟．仪器分析实验［M］．北京：中国石化出版社，2012.

[10] 侯振雨．无机及分析化学实验［M］．北京：化学工业出版社，2014.